高等职业教育“十三五”规划教材

C#程序设计实训指导书

蒋红梅 主 编
傅天泓 刘洪芳 副主编

北京理工大学出版社
BEIJING INSTITUTE OF TECHNOLOGY PRESS

图书在版编目（CIP）数据

C#程序设计实训指导书 / 蒋红梅主编. —北京：北京理工大学出版社，2018.1（2020.1 重印）
ISBN 978-7-5682-4977-5

Ⅰ. ①C… Ⅱ. ①蒋… Ⅲ. ①C 语言–程序设计–高等职业教育–教材 Ⅳ. ①TP312.8

中国版本图书馆 CIP 数据核字（2017）第 278405 号

出版发行 / 北京理工大学出版社有限责任公司
社　　址 / 北京市海淀区中关村南大街 5 号
邮　　编 / 100081
电　　话 / (010) 68914775（总编室）
(010) 82562903（教材售后服务热线）
(010) 68948351（其他图书服务热线）
网　　址 / http://www.bitpress.com.cn
经　　销 / 全国各地新华书店
印　　刷 / 三河市天利华印刷装订有限公司
开　　本 / 787 毫米×1092 毫米 1/16
印　　张 / 8.25
字　　数 / 188 千字
版　　次 / 2018 年 1 月第 1 版 2020 年 1 月第 3 次印刷
定　　价 / 26.00 元

责任编辑 / 钟 博
文案编辑 / 钟 博
责任校对 / 周瑞红
责任印制 / 李 洋

序

作为江苏联合职业技术学院五年制高职软件技术专业院本教材，为提高教材质量，学院专门成立教材建设与管理工作领导小组和教材审定委员会。学院统一规划建设、统一立项管理、统一院本教材标识、统一组织编写和出版，以专业协作委员会为平台组织各成员学校广大教师共同参与编写。本套教材凝聚了学院各成员学校一线优秀教师和江苏省职教领域专家学者的心血，正是他们的专业智慧和辛勤劳动使得这一艰辛而浩繁的系统工程得以顺利完成。

规划与建设这套教材的基本目标是适应五年制高职教育人才培养需要，建设一批理念先进、特色鲜明、质量高的院本教材和辅助教材，不断推出精品教材，更新教材内容，深化课程改革，努力构建具有五年制高职教育特色的多学科、多类型、多载体、多形式的教材体系。

本套教材开发以最新人才培养方案和课程标准为依据，正确把握教学改革方向。本套教材的内容和编写体系，体现了素质教育、创新能力与实践能力的培养，促进学生知识、能力、素质的协调发展，充分体现了五年制高职教育人才培养特色。

本套教材对编写人员也提出了较高的要求。主编必须具有较高的学术水平和教学水平，有丰富的教育教学经验和改革创新精神，具备组织编写集思想性、科学性、先进性、系统性和适用性于一体的高水平教材的能力和水平，具有副教授以上职称，专业对口，讲授本门课程两届以上，原则上年龄应在55岁以下。

本套教材以提高教育教学质量服务为目的，将完整的课程体系分解为若干个项目，是在高职院校基于项目、任务的教学课程改革开发背景下编写，辅以相应的理论知识所形成的项目化教材。

本套教材仅供各位同行参考，恳请各位专家和同行对本套教材的不足之处给予批评和指正。

江苏联合职业技术学院软件技术专业协作委员会

前　　言

《C#程序设计实训指导书》是在高职院校基于项目、任务的教学课程改革开发背景下编写的，是一本贯彻工学结合、突出实际应用、以典型任务承载教学内容的实训指导书。本书用语简洁，尽可能使用通俗易懂的语言来解说各任务；实例丰富，尽可能使用典型程序例题来说明知识点，力求将各个任务中的重、难点通过实例解释清楚。

本书在内容组织上分为两部分：第一部分通过“教师指导+课堂练习”的形式，对于采用C#语言进行软件开发所必需的基本知识进行分析讲解；第二部分通过“猜数字游戏”“学生信息管理系统”两个综合项目，一步一步指导学生完成一个典型的软件系统。

本书的特点如下：

（1）本书将完整的课程体系分解为若干个项目，每个项目以应用为主线，以任务驱动为基本点来设计，在任务的编排上做到了循序渐进、由浅入深，既考虑到了C#语言解决问题的过程和步骤，又考虑到了学生的认知规律。

（2）每个项目由若干个任务组成，每个任务由“教师指导”“课堂练习”两部分组成，其中“教师指导”部分将任务中的重、难点通过实例呈现，步骤清晰，内容易懂，便于学生在进行后面的课堂练习时参考或自学；“课堂练习”部分给出了知识点相同的实例，以帮助学生消化吸收本任务的知识点。每个项目的最后又设计了拓展练习，让学有余力的学生应用所学知识解决实际问题，在巩固学习内容的同时，又培养了学生的实践技能。

本书提供所有相关程序及项目的源代码供读者学习和练习，需要者请联系蒋老师（18777786@qq.com）。

本书的项目一、项目三、项目七由傅天泓编写，项目二、项目四由刘洪芳编写，项目五、项目六、项目八、项目九（综合项目A）、项目十（综合项目B）由蒋红梅编写，全书由蒋红梅统稿。

本书在编写过程中得到了江苏联合职业技术学院张跃东、赵志建、郑智飞等人的悉心指导，他们对本书的内容、章节编排等方面提出了宝贵的意见和建议，在此对他们表示衷心的感谢。同时，本书还参考了相关文献，并引用了其中的一些例题，在此对这些文献的作者也表示诚挚的谢意。

由于编者水平有限，本书难免存在不足之处，恳请读者批评指正。

编　者

目　　录

项目一

C#语言介绍

［参考学时］4

［学习目的］

（1）掌握转义字符的运用、数据的输入/输出、变量的使用、数据类型转换等 C#语言的基础知识；

（2）理解类的概念，掌握类成员变量和成员函数的声明。

［能力要求］

（1）能够灵活运用 C#语言的基本知识；

（2）能够创建类的对象，编写和执行 C#语言程序。

任务 1　数据处理

第一部分　教师指导

1. 问题提出（一）

要显示一些特殊字符或特定的输出格式，可采用转义字符实现。编程实现输出下列字符串：

```
hello       world
Tom said "Hello" to you
Hello！'打印出单引号'
C:\Windows\System32\sas.dll
```

1）问题分析

（1）逐字字符串常数以“@”开头，后跟一对双引号，在双引号中放入字符，如：

@"电子高专"

@"This is a book. "

逐字字符串常数同常规字符串常数的区别是，在逐字字符串常数的双引号中，每个字符都代表其最原始的意义，在逐字字符串常数中没有转义字符，如“@ "hello \t world"”的实际输出为“hello \t world”。

注意：如果要包含双引号（"），就必须在一行中使用两个双引号（""）。

（2）转义序列表。

2）完成步骤

（1）为解决方案创建一个名为“Example_1_1”的控制台应用程序。

打开 Visual Studio 2010 应用程序，选择“文件”→“新建”→“项目”选项，左侧模板语言选择“Visual C#”，右侧选择“控制台应用程序”，在“名称”中填写“Example_1_1”，单击“位置”后的“浏览”按钮，选择存放的路径为“D:\C#实验指导书\Chap1”，单击“确定”按钮。

（2）在“Example_1_1”名称空间的主方法 Main 中输入如下内容：

```
static void Main(string[] args)
{
        Console.WriteLine("hello\tworld");
        Console.WriteLine("Tom said \"Hello\" to you");
        Console.WriteLine("Hello!\'打印出单引号\'");
        Console.WriteLine("C:\\Windows\\System32\\sas.dll");
        Console.WriteLine(@"C:\Windows\System32\sas.dll");
 }
```

（3）编译和执行程序，选择“调试”→“启动调试”选项来执行此应用程序。

运行结果如图 1.1 所示。

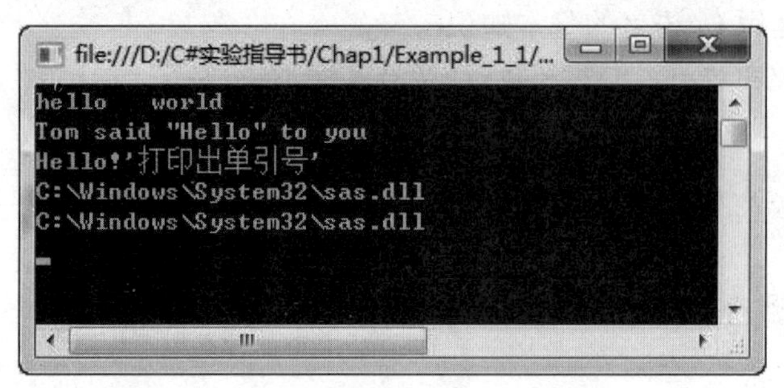

图 1.1

2. 问题提出（二）

C#语言提供各种内置数据，并能通过使用格式字符串指定数值结果的格式。调试以下程序，写出输出结果：

```
using System;
using System.Collections.Generic;
using System.Text;

namespace Example_1_2
{
    class Program
    {
        static void Main(string[] args)
        {
            Console.WriteLine("1.货币格式");
            double i1=1234.789;
            Console.WriteLine("{0,8:c}", i1);
            Console.WriteLine("{0,10:c4}", i1);
```

```
Console.WriteLine();

Console.WriteLine("2.整数格式");
int j1=1234;
Console.WriteLine("{0:d}", j1);
Console.WriteLine("{0:d3}", j1);
Console.WriteLine("{0:d5}", j1);

Console.WriteLine();

Console.WriteLine("3.科学计数法格式");
int    i2=123000;
double j2=1234.5578;
Console.WriteLine("{0:E}", i2);
Console.WriteLine("{0:E}", j2);
Console.WriteLine("{0:e4}", i2);
Console.WriteLine("{0:e4}", j2);

Console.WriteLine();

Console.WriteLine("4.浮点数格式");
int i3=123000;
double j3=1234.5578;
Console.WriteLine("{0,-8:f}", i3);
Console.WriteLine("{0:f}", j3);
Console.WriteLine("{0,-8:f4}", i3);
Console.WriteLine("{0:f3}", j3);
Console.WriteLine("{0:f6}", j3);

Console.WriteLine();

Console.WriteLine("5.通用格式");
double i4=1234.789;
int j4=123456;
Console.WriteLine("{0:g}", i4);
Console.WriteLine("{0:g}", j4);
Console.WriteLine("{0:g4}", i4);
Console.WriteLine("{0:g4}", j4);
```

```
            Console.WriteLine();

            Console.WriteLine("6.自然格式");
            double i5=211122.12345;
            int j5=1234567;
            Console.WriteLine("{0:N}",i5);
            Console.WriteLine("{0:n}", j5);
            Console.WriteLine("{0:n4}", i5);
            Console.WriteLine("{0:n4}", j5);

            Console.WriteLine();

            Console.WriteLine("7.十六进制格式");
            int i6=1234567;
            Console.WriteLine("{0:x}", i6);
        }
    }
}
```

1）问题分析

（1）Console.WriteLine()方法：在输出信息后添加一回车换行符产生一新行。

（2）Console.Write()方法：与 WriteLine()类似，但输出到屏幕后不产生一新行。

（3）Console.ReadLine()方法：一次读取一行字符输入，直到用户按回车键返回。

（4）Console. Read()方法：一次只能读取一个字符，直到用户按回车键返回。

（5）WriteLine()方法可采用格式化输出：{N[，M][：格式化字符串]}。

①“N”表示输出变量的序号，从 0 开始编号，依次类推。

②“[，M][：格式化字符串]”是可选项，“M”表示输出的变量所占字符个数，若为负数则输出格式左对齐；若为正数则右对齐；若字符个数超出指定长度则按实际输出。

③“[：格式化字符串]”是可选项，用来指定输出字符串的格式，以及有效位数。

标准格式字符见表 1.1。

表 1.1　标准格式字符

格式字符	含义
C 或者 c	货币格式（中文系统为￥，英文系统为$）默认小数点后 2 位
D 或者 d	整数格式
E 或者 e	科学计数法格式
F 或者 f	浮点数格式（默认小数点后 2 位）
G 或者 g	通用格式
N 或者 n	自然数格式
X 或者 x	十六进制格式

2）完成步骤

（1）为解决方案创建一个名为“Example_1_2”的控制台应用程序。

打开 Visual Studio 2010 应用程序，选择“文件”→“新建”→“项目”选项，左侧模板语言选择“Visual C#”，右侧选择“控制台应用程序”，在“名称”中填写“Example_1_2”，单击“位置”后的“浏览”按钮，选择存放的路径为“D:\C#实验指导书\Chap1”，单击“确定”按钮。

（2）在“Example_1_2”名称空间的主方法 Main 中输入程序代码。

（3）编译和执行程序，选择“调试”→“启动调试”选项来执行此应用程序。

运行结果如图 1.2 所示。

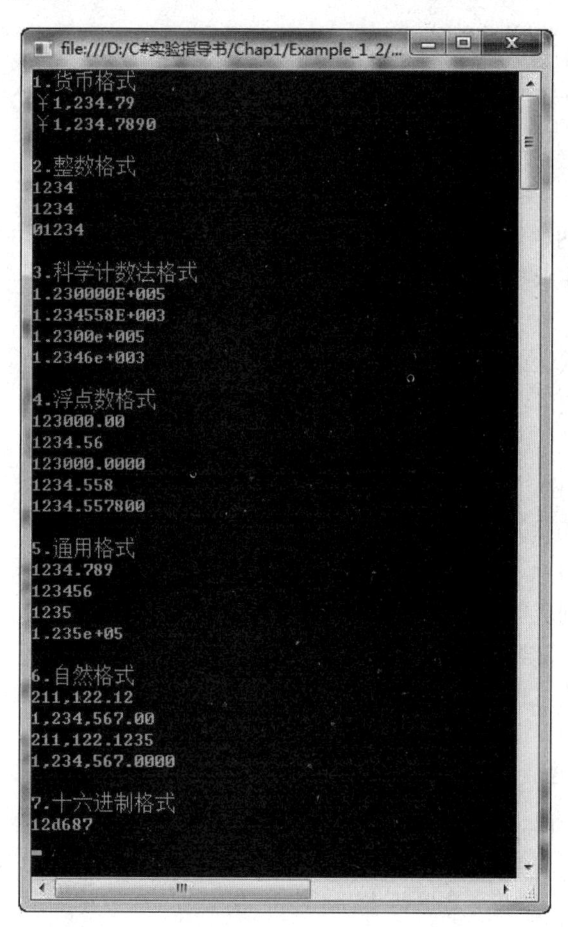

图 1.2

3. 问题提出（三）

数据类型在一定条件下是可以相互转换的。调试以下程序，写出输出结果：

```
using System;
using System.Collections.Generic;
using System.Text;
```

```
namespace Example_1_3
{
    class Program
    {
        static void Main(string[] args)
        {
            double x=19810927.9112;
            int y=(int)x;
            //int y=Convert.ToInt32(x);       //通过 Convert 类转换
            Console.WriteLine(y);
        }
    }
}
```

1）问题分析

C#语言允许使用两种转换的方式：隐式转换（转换由编译器自动完成）和显式转换（程序员强制进行转换，并承担丢失信息的风险）。

（1）隐式转换。

隐式转换是系统默认的、不需要加以声明就可以进行的转换。

隐式转换的方法如下：

```
int    i=518;          //a 为整型数据
long   b=i;            //b 为长整型数据
float  f=i;            //f 为单精度浮点型数据
```

（2）显式转换。

显式转换又叫强制类型转换，显式转换要明确指定转换类型。

显式转换格式：　(类型标识符)表达式

其意义为：将表达式的值的类型转换为类型标识符的类型。例如：

(char)65　　　//把 int 类型的 65 转换成 char 类型

注意：① 显式转换可能会导致错误。

② 对于将 float、double、decimal 类型的数据转换为整数，将通过舍入得到最接近的整型值，如果这个整型值超出目标域，则出现转换异常。

③ 通常也能通过 Convert 类里的方法转换，例如：

```
(int)6.28m        //转换的结果为 6
(int) 3e25f       //将产生溢出错误
Convert.ToInt32(123.45)    //转换的结果为 123
```

2）完成步骤

（1）为解决方案创建一个名为“Example_1_3”的控制台应用程序。

打开 Visual Studio 2010 应用程序，选择“文件”→“新建”→“项目”选项，左侧模板语言选择“Visual C#”，右侧选择“控制台应用程序”，在“名称”中填写“Example_1_3”，单击“位置”后的“浏览”按钮，选择存放的路径为“D:\C#实验指导书\Chap1”，单击“确定”按钮。

（2）在“Example_1_3”名称空间的主方法 Main 中输入程序代码。

（3）编译和执行程序，选择“调试”→“启动调试”选项来执行此应用程序。

运行结果如图 1.3 所示。

图 1.3

第二部分　课堂练习

1. 问题提出（一）

计算 5 除以 3 后的结果，并保留 2 位小数（实际结果为 1.67），并按照图 1.4 所示格式输出。

图 1.4

请教师检查学生的进度及代码规范性。

2. 问题提出（二）

给变量 a 赋值 123.456 78，分别以货币、浮点数形式显示（保留 1 位小数），并分别显示其整数部分和小数部分数值，按照图 1.5 所示格式输出。

图 1.5

请教师检查学生的进度及代码规范性。

任务2 类成员和类对象

第一部分 教师指导

1. 问题提出

教师统计学生信息，准备输入记录学生的下列信息：

（1）学生姓名：name，数据类型：string；

（2）学生年龄：age，数据类型：int。

编写程序，输入并显示上述学生信息。

2. 问题分析

（1）声明 Student 类，并为该类创建 MyStu 对象。

（2）成员变量有两个：name 和 age，并声明为 private。

（3）成员函数有两个：InputDetails 和 DisplayDetails，并声明为 public。

3. 完成步骤

（1）为解决方案创建一个名为“Example_1_4”的控制台应用程序。

打开 Visual Studio 2010 应用程序，选择“文件”→“新建”→“项目”选项，左侧模板语言选择“Visual C#”，右侧选择“控制台应用程序”，在“名称”中填写“Example_1_4”，单击“位置”后的“浏览”按钮，选择存放的路径为“D:\C#实验指导书\Chap1”，单击“确定”按钮。

（2）创建名为“Student”的类，代码内容如下：

```
namespace Example_1_4
{
    class Student
    {
        private string name;
        private int age;

        public void InputDetails()
        {
            Console.WriteLine("输入学生姓名：");
            name=Console.ReadLine();
            Console.WriteLine("输入学生年龄：");
            age=Convert.ToInt32( Console.ReadLine());
        }

        public void DisplayDetails()
        {
            Console.WriteLine("学生姓名：{0}",name);
```

```
            Console.WriteLine("学生年龄：{0}", age);
        }
    }
```

（3）在主方法 Main 中创建 Student 的实例对象 MyStu，代码内容如下：

```
        static void Main(string[] args)
        {
            Student MyStu=new Student();
            MyStu.InputDetails();
            MyStu.DisplayDetails();
           Console.ReadLine();
        }
```

（4）编译和执行程序，选择“调试”→“启动调试”选项来执行此应用程序。

运行结果如图 1.6 所示。

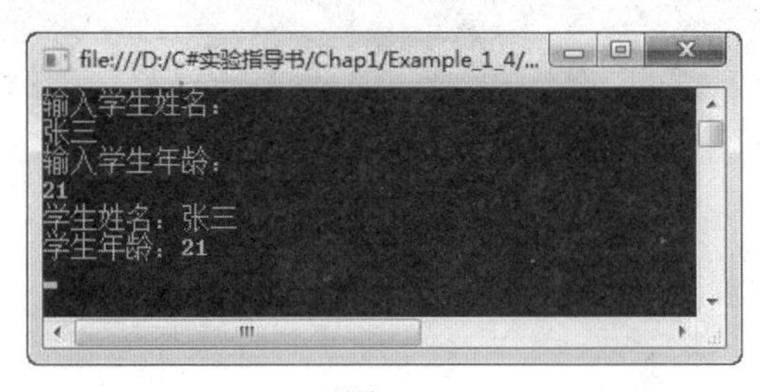

图 1.6

第二部分　课堂练习

问题提出：

在上述例题中追加类成员变量：

（1）学生性别：sex，数据类型：bool；

（2）学生体重：weight，数据类型：double。

提示：其中性别为布尔值类型，“true”代表“男”，“false”代表“女”。编写程序，输入并显示上述学生信息。

运行结果如图 1.7 所示。

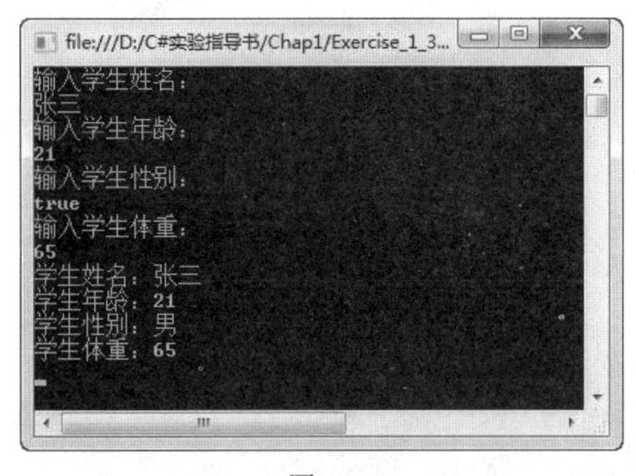

图 1.7

请教师检查学生的进度及代码规范性。

任务3　拓展练习

1. 案例 1.1

问题提出：

为变量 a 赋值整数 10，为变量 b 赋值浮点数 11.268，求计算结果，并按照图 1.8 所示格式输出。

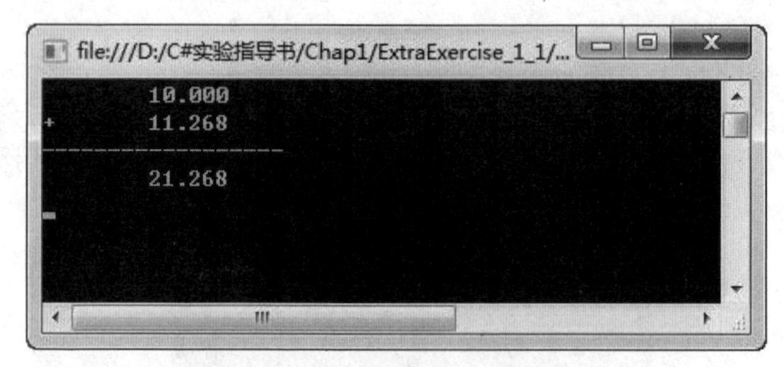

图 1.8

2. 案例 1.2

问题提出：

声明 Circle 类，并为该类创建 MyCir 对象。输入 private 类型的圆半径 r 成员变量值（浮点数），两个 public 类型的 InputDetails 和 DisplayDetails 成员函数。利用 Math.Pow（double x，double y）指数函数，求圆周长（$2\pi r$）、球面积（$4\pi r^2$）、球体积（$4/3\pi r^3$）（结果保留 2 位小数）。

项目二
操作符和编程结构

［参考学时］6

［学习目的］

（1）理解编程的三种结构，掌握其应用方法；

（2）理解 if-else 分支语句、while 语句、do-while 语句和 for 循环语句及其使用方法。

［能力要求］

（1）会简单、常用的算法；

（2）能应用 for 循环语句、while 和 do-while 语句灵活编程；

（3）对程序调试过程中出现的问题有初步认识和解决能力。

任务 1　if…else 结构

第一部分　教师指导

1. 问题提出

编写一个程序以确定用户输入的数是奇数还是偶数。

2. 问题分析

判定一个数的奇偶性，可以把这个数和 2 进行取模运算，如果余数是零则为偶数，否则就是奇数。

3. 完成步骤

（1）为解决方案创建一个名为“Example_2_1”的控制台应用程序。

打开 Visual Studio 2010 应用程序，选择“文件”→“新建”→“项目”选项，左侧模板语言选择“Visual C#”，右侧选择“控制台应用程序”，在“名称”中填写“Example_2_1”，单击“位置”后的“浏览”按钮，选择存放的路径为“D:\C#实验指导书\Chap 2”，单击“确定”按钮。

（2）在“Example_2_1”名称空间的主方法 Main 中输入如下内容：

```
static void Main(string[] args)
{
    int Number;
    Console.WriteLine("请输入一个你想要判断的整数：");
    Number=Convert.ToInt32(Console.ReadLine());//输入一个整型变量 Number
    if(Number%2==0)
    {
        Console.WriteLine("该数为偶数！");//判断 Number 值，如果能被 2 整除，则输出是偶数
```

```
    }
    else
    {
        Console.WriteLine("该数为奇数！");//否则输出是奇数
    }
    Console.ReadLine();//光标停留在控制台

}
```

（3）编译和执行程序，选择“调试”→“启动调试”选项来执行此应用程序。

运行结果如图 2.1 所示。

图 2.1

第二部分　课堂练习

问题提出：

编写一个程序来检查用户输入的年份是否是闰年。

提示：判定一个年份是否是闰年，条件是如果该年份能被 400 整除，则它是闰年，如果该年份能够被 4 整除的同时不能被 100 整除，则它也是闰年。

请教师检查学生的进度及代码规范性。

任务 2　switch…case

第一部分　教师指导

1. 问题提出

编写一个模拟计算器的程序，计算器应该能执行最简单的加、减、乘、除操作。

2. 问题分析

模拟一个计算器，需要用三个变量分别来表示两个操作数和一个操作结果，另外，为了使用户使用程序，可以使用 switch…case 结构来区分四种操作，通过一个变量来表示用户的选择，然后执行相应的操作。

3. 完成步骤

（1）为解决方案创建一个名为“Example_2_2”的控制台应用程序。

打开 Visual Studio 2010 应用程序，选择“文件”→“新建”→“项目”选项，左侧模板语言选择“Visual C#”，右侧选择“控制台应用程序”，在“名称”中填写“Example_2_2”，单击“位置”后的“浏览”按钮，选择存放的路径为“D:\C#实验指导书\Chap 2”，单击“确定”按钮。

（2）添加抽象类 CalculateNumber，抽象类 CalculateNumber 的内容如下：

```
class CalculateNumber
{
    int Number1, Number2;
    char option;
    int Result;
    public void Number()
    {
        Console.WriteLine("输入第一个数");
        Number1=Convert.ToInt32(Console.ReadLine());//输入整型变量 Number1
        Console.WriteLine("输入第二个数");
        Number2=Convert.ToInt32(Console.ReadLine());//输入整型变量 Number2
        Console.WriteLine("主菜单");
        Console.WriteLine("1.加");
        Console.WriteLine("2.减");
        Console.WriteLine("3.乘");
        Console.WriteLine("4.除");
        Console.WriteLine("选择一个你要执行的操作");
        option=Convert.ToChar(Console.ReadLine());//输入字符型变量 option，代表加、
减、乘、除
        switch (option)
        {
            case '1'://如果 option 为字符'1'，代表作加法运算
                Result=Number1+Number2;
                Console.WriteLine("相加的值为:{0}", Result);//输出 Number1 和
Number2 的和
                break;
            case '2'://如果 option 为字符'2'，代表作减法运算
                Result=Number1-Number'2';
```

```
                Console.WriteLine(" 相 减 的 值 为 :{0}", Result);// 输 出  Number1  和
Number2 的差
                break;
            case '3'://如果 option 为字符'3'，代表作乘法运算
                Result=Number1*Number2;
                Console.WriteLine(" 相 乘 的 值 为 :{0}", Result);// 输 出  Number1  和
Number2 的乘积
                break;
            case '4'://如果 option 为字符'4'，代表作除法运算
                Result=Number1/Number2;
                Console.WriteLine(" 相 除 的 值 为 :{0}", Result);// 输 出  Number1  和
Number2 的商
                break;
            default://如果 option 的值都不是字符'1','2','3','4'，则输出"Invalid Option"
                Console.WriteLine("无效操作   ");
                break;
        }
        Console.ReadLine();
    }
```

（3）在主方法 Main 中创建抽象类 CalculateNumber 的实例对象，主方法 Main 的内容如下：

```
        static void Main(string[] args)
        {
            CalculateNumber obj=new CalculateNumber();//创建 CalculateNumber 类对象
obj
            obj.Number();//调用类对象 obj 中的 Number 方法
        }
```

（4）编译和执行程序，选择“调试”→“启动调试”选项来执行此应用程序。

运行结果如图 2.2 所示。

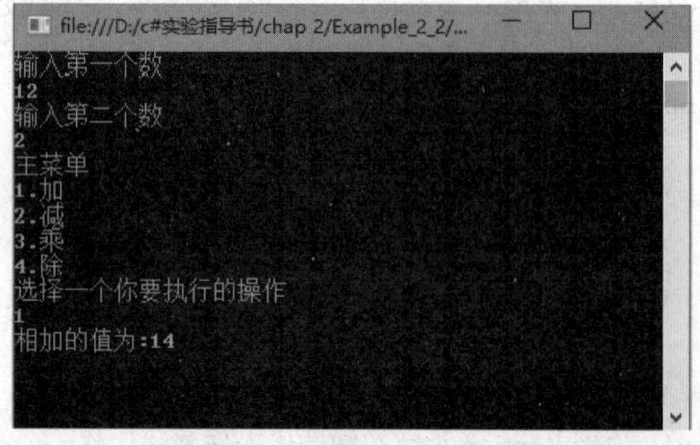

图 2.2

第二部分　课堂练习

问题提出：

编写一个程序以确定用户输入的字符是元音还是辅音。

提示：英文 26 个字符中，元音字符为 a、e、o、i、u，其他的都是辅音字符。这里还可以练习多个相同的 case 语句后面如果输出一样的信息，可以合并在一起书写的特性。

请教师检查学生的进度及代码规范性。

任务 3　循环结构（while、do…while、for）

第一部分　教师指导

1. 问题提出

编写一个程序来输出 200 之内的 Fibonacci 序列。

2. 问题分析

Fibonacci 序列如“1，1，2，3，5，8……”，从序列上很容易看出规律是：第一、二两个数是 1，从第三个数开始，该数是前面两个数的和。

3. 完成步骤

（1）为解决方案创建一个名为“Example_2_4”的控制台应用程序。

打开 Visual Studio 2010 应用程序，选择“文件”→“新建”→“项目”选项，左侧模板语言选择“Visual C#”，右侧选择“控制台应用程序”，在“名称”中填写“Example_2_3”，单击“位置”后的“浏览”按钮，选择存放的路径为“D:\C#实验指导书\Chap 2”，单击“确定”按钮。

（2）在“Example_2_3”名称空间的主方法 Main 中输入如下内容：

```
static void Main(string[] args)
{
    int number1;
    int number2;
    number1=number2=1;//定义两整型变量并赋值为 1
    Console.Write("{0}", number1);
    while(number2 < 200)
    {
        Console.Write("{0}",number2);
        number2+=number1;
        number1=number2-number1;
    }
    Console.ReadLine();
}
```

（3）编译和执行程序，选择“调试”→“启动调试”选项来执行此应用程序。

运行结果如图 2.3 所示。

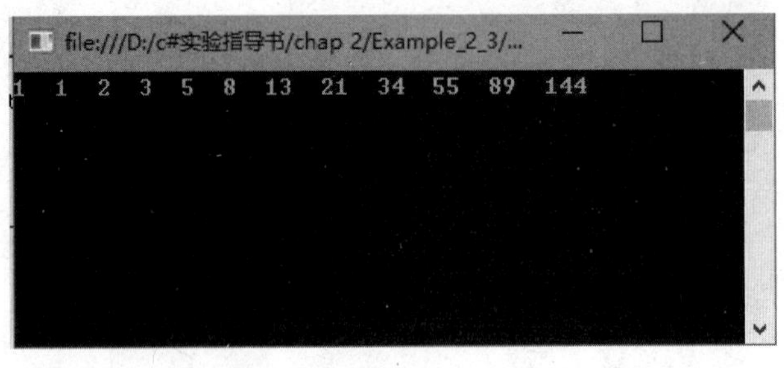

图 2.3

第二部分　课堂练习

问题提出：

编写程序输出从 1 到 9 的乘法口诀表。

提示： 乘法口诀表的前一部分如下：

1*1=1;

1*2=2;　2*2=4;

1*3=3;　2*3=6;　3*3=9;

1*4=4;　2*4=8;　3*4=12;　4*4=16;

使用两个嵌套 for 循环来实现，父循环从 1 到 9，子循环从 1 到父循环的当前值。

请教师检查学生的进度及代码规范性。

任务 4　break 和 continue

第一部分　教师指导

1. 问题提出

编写一个程序来接受 5 个数字并显示所有正数的和。

2. 问题分析

外部有一个循环来判定接受的数据的次数，然后每接受一个数据，即对它进行判定。如果是正数，把它和变量总和进行相加后继续接受下一个数据，直到 5 个数据接受完毕；如果接受的是非正数，则不进行相加的操作，直接跳到对下一个数据的接受操作，即使用 continue 语句。

3. 完成步骤

（1）为解决方案创建一个名为“Example_2_4”的控制台应用程序。

打开 Visual Studio 2010 应用程序，选择“文件”→“新建”→“项目”选项，左侧模板语言选择“Visual C#”，右侧选择“控制台应用程序”，在“名称”中填写“Example_2_4”，单击“位置”后的“浏览”按钮，选择存放的路径为“D:\C#实验指导书\Chap 2”，单击“确定”按钮。

（2）在“Example_2_4”名称空间的主方法 Main 中输入如下内容：

```
static void Main(string[] args)
{
    int incr, sum, number;
    for(sum=number=incr= 0; incr<5; incr++)
    {
        Console.WriteLine("输入一个数");
        number=Convert.ToInt32(Console.ReadLine());
        if(number<=0)
        continue;//如果输入的为负数，跳至 for 循环处执行 incr++，使得后面的
sum = sum + number 不能够被执行
        sum=sum+number;
    }
    Console.WriteLine("输入正数的和为：　{0}",sum);
    Console.ReadLine();
}
```

（3）编译和执行程序，选择“调试”→“启动调试”选项来执行此应用程序。

运行结果如图 2.4 所示。

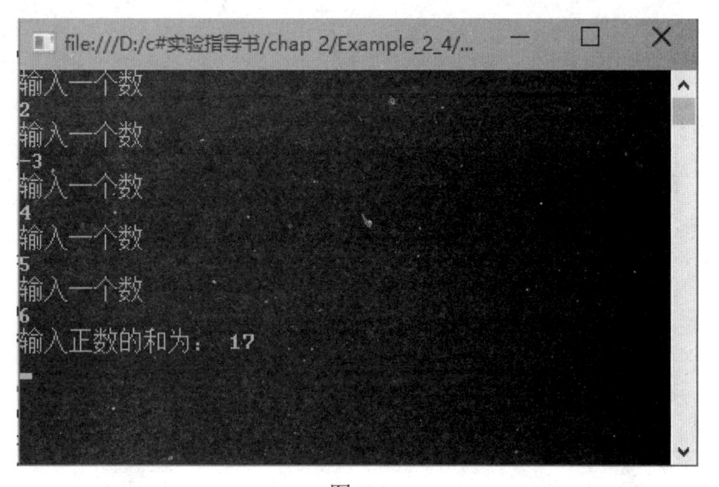

图 2.4

第二部分　课堂练习

问题提出：

把 100 到 200 之间不能被 3 和 2 整除的数输出，每行输出 5 个数。

提示：如果能被 3 和 2 整除则跳出循环，判断下一个数。

请教师检查学生的进度及代码规范性。

任务5 拓展练习

1. 案例2.1

问题提出：

求出100之内的所有素数。

提示：

（1）素数是只能被1和本身整除的数。

（2）判断一个数a是否为素数，只需将它除以2～（sqrt(a)取整）即可，如果都不能整除，则a就是素数。

2. 案例2.2

问题提出：

编写一个程序来接收用户的信息（如姓名和密码）并验证正确与否，若输入正确则允许用户继续下一个操作，若输入错误（允许三次机会）则直接退出程序。假设姓名为“xiaowang”，密码为“123456”。

3. 案例2.3

问题提出：

打印出下列图形，如图2.5所示。

```
   *
  ***
 *****
*******
 *****
  ***
   *
```

图2.5

项目三

使用类成员

［参考学时］4

［学习目的］

（1）掌握带参数方法的使用，理解静态特性和方法；

（2）掌握构造函数和属性的使用。

［能力要求］

（1）能够通过不同的参数方法使数据信息传入和传出；

（2）能够通过构造函数初始化类对象，通过属性访问类私有字段。

任务1　参数化方法

第一部分　教师指导

1. 问题提出

计算两个整数的和与差，通过定义方法 Calc 实现。其中，和通过返回值返回，差通过输出参数返回。

2. 问题分析

三种调用参数化方法如下：

（1）值参数：不附加任何修饰符的参数。

参数方法格式为：返回的数据类型　方法名（参数列表）

传递的参数格式为：参数的数据类型　参数名

（2）引用参数：以 ref 修饰符声明的参数。

参数方法格式为：返回的数据类型　方法名（参数列表）

传递的参数格式为：ref 参数的数据类型　参数名

（3）输出参数：以 out 修饰符声明的参数。

参数方法格式为：返回的数据类型　方法名（参数列表）

传递的参数格式为：out 参数的数据类型　参数名

3. 完成步骤

（1）为解决方案创建一个名为“Example_3_1”的控制台应用程序。

打开 Visual Studio 2010 应用程序，选择“文件”→“新建”→“项目”选项，左侧模板语言选择“Visual C#”，右侧选择“控制台应用程序”，在“名称”中填写“Example_3_1”，单击“位置”后的“浏览”按钮，选择存放的路径为“D:\C#实验指导书\Chap3”，单击“确定”按钮。

（2）在“Example_3_1”名称空间添加 Calc 方法，程序代码如下：

```
class Calc
{
    public int cal(int x, int y, out int diff)
    {
        diff=x-y;
        return x+y;
    }
}
```

（3）主方法 Main 中的程序代码如下：

```
    static void Main(string[] args)
    {
        int x , y , diff;
        Console.Write("请输入第一个整数:");
        x=Int32.Parse(Console.ReadLine());
        Console.Write("请输入第二个整数:");
        y=Int32.Parse(Console.ReadLine());

        int sum=Calc.cal(x, y, out diff);
        Console.WriteLine("{0}+{1}={2}", x, y, sum);
        Console.WriteLine("{0}-{1}={2}", x, y, diff);
    }
```

（4）编译和执行程序，选择“调试”→“启动调试”选项来执行此应用程序。

运行结果如图 3.1 所示。

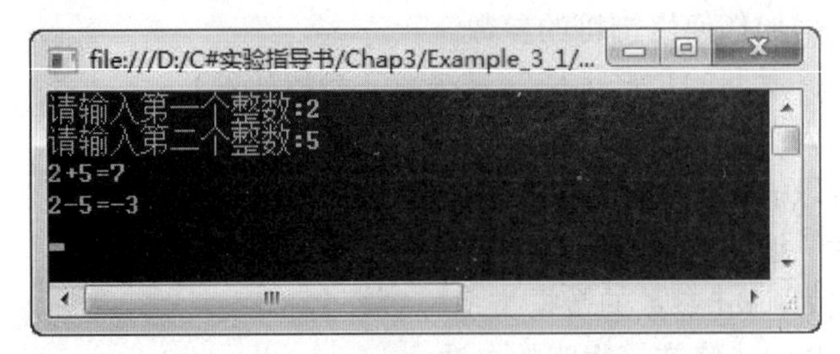

图 3.1

第二部分　课堂练习

问题提出：

定义一个方法 Sort，对三个整数按从小到大的顺序排序并求其和及平均值。其中，三个待求整数及其排序后的结果由引用参数传递；其和由输出参数传递；平均值由返回值返回。在 Main 方法中实现三个待求整数的输入及结果的输出。

请教师检查学生的进度及代码规范性。

任务2　递　归

第一部分　教师指导

1. 问题提出

用递归方法求：N+(N-1)+(N-2)+⋯+2+1。

2. 问题分析

对此问题的分析示意见图3.2。

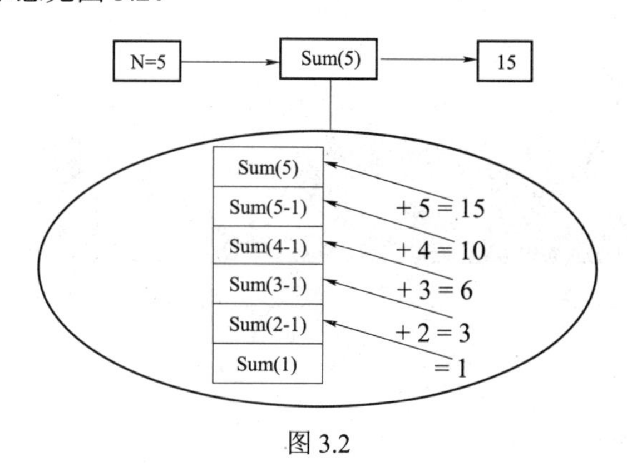

图 3.2

3. 完成步骤

（1）为解决方案创建一个名为“Example_3_2”的控制台应用程序。

打开 Visual Studio 2010 应用程序，选择“文件”→“新建”→“项目”选项，左侧模板语言选择“Visual C#”，右侧选择“控制台应用程序”，在“名称”中填写“Example_3_2”，单击“位置”后的“浏览”按钮，选择存放的路径为“D:\C#实验指导书\Chap5”，单击“确定”按钮。

（2）在“Example_3_2”名称空间添加 Calc 方法，程序代码如下：

```
class Number
{
    public int sum(int number)
    {
        if(number==1)
            return 1;
        else
            return(number+sum(number-1));
    }
}
```

（3）主方法 Main 中的程序代码如下：

```
    static void Main(string[] args)
```

```
    {
        int n;
        Console.WriteLine("输入 N 对应数值：");
        n=Convert.ToInt32( Console.ReadLine());

        Number num=new Number();
        Console.WriteLine("N+(N-1)+(N-2)+...+2+1="+num.sum(n));
    }
```

（4）编译和执行程序，选择“调试”→“启动调试”选项来执行此应用程序。

运行结果如图 3.3 所示。

图 3.3

第二部分　课堂练习

问题提出：

用递归方法计算数列“1，1，2，3，5，8…”第 30 位的值。

请教师检查学生的进度及代码规范性。

任务 3　构造函数和属性

第一部分　教师指导

1. 问题提出

构造函数可为创建对象时初始化成员变量。调试以下程序，写出输出结果：

```
using System;
using System.Collections.Generic;
using System.Text;

namespace Example_3_3
{
    class Program
    {
        static void Main(string[] args)
        {
```

```
        Car car1=new Car();
        Car car2=new Car("Blue", 1.5F);

        Console.WriteLine("car1 的颜色是{0}", car1.Color);
        Console.WriteLine("car2 的颜色是{0}", car2.Color);

        car1.Run();
        car2.Run();

        Console.ReadLine();
    }
}

class Car
{
    private string color;
    private float weight;

    public string Color
    {
        get{ return color; }
        set{ color=value; }
    }

    private static int count=1;

    public Car()                    // 无参数的构造函数
    {
        color="Red";
        weight=1.0F;
    }

    public Car(string col, float wei)     // 有参数的构造函数
    {
        color=col;
        weight=wei;
    }

    public void Run()
```

```
        {
            Console.WriteLine("我是{0}颜色车，正在路上行驶……第{1}次", color,count++);
        }
    }
}
```

2. 问题分析

（1）构造函数是类的一种特殊方法，主要用来在创建对象时初始化对象，即为对象成员变量赋初始值。一个类可以有多个构造函数，可根据其参数个数的不同或参数类型的不同来区分它们，即构造函数的重载。

构造函数与其他方法的区别如下：

① 构造函数的命名必须和类名完全相同，而一般方法则不能和类名相同。

② 构造函数的功能主要用于在类的对象创建时定义初始化的状态，它没有返回值，也不能用 void 来修饰。

③ 构造函数不能被直接调用，必须通过 new 运算符在创建对象时才会自动调用，而一般方法在程序执行到它时才会被调用。

④ 当定义一个类的时候，若类里面没有定义构造函数，编译器也会自动生产一个空构造函数给类的各个成员都赋上默认值，而一般方法不存在这一特点。

（2）属性通过 get 和 set 访问器，控制私有数据成员的读/写性，起到了隔离字段的作用，而且能对要赋值的字段进行监测，合乎要求的才会被允许。

get 访问器必须用 return 关键字，将其对应的字段值返回给引用此属性的程序代码。set 访问器有一隐式参数 value，必须将 value 这个变量指定给对应的字段。

属性有 4 种形式：

① 读写属性：包含 get 和 set 访问器。

② 只读属性：只有 get 访问器。

③ 只写属性：只有 set 访问器。

④ 静态属性：只能封装静态数据。

（3）静态变量和静态方法。

① 静态变量：程序运行后，内存中存在一份静态变量的副本，所有对象共享该副本。

② 静态方法：只能访问静态变量。

3. 完成步骤

（1）为解决方案创建一个名为“Example_3_3”的控制台应用程序

打开 Visual Studio 2010 应用程序，选择“文件”→“新建”→“项目”选项，左侧模板语言选择“Visual C#”，右侧选择“控制台应用程序”，在“名称”中填写“Example_3_3”，单击“位置”后的“浏览”按钮，选择存放的路径为“D:\C#实验指导书\Chap3”，单击“确定”按钮。

（2）在“Example_3_3”名称空间中输入程序代码。

（3）编译和执行程序，选择“调试”→“启动调试”选项来执行此应用程序。

运行结果如图 3.4 所示。

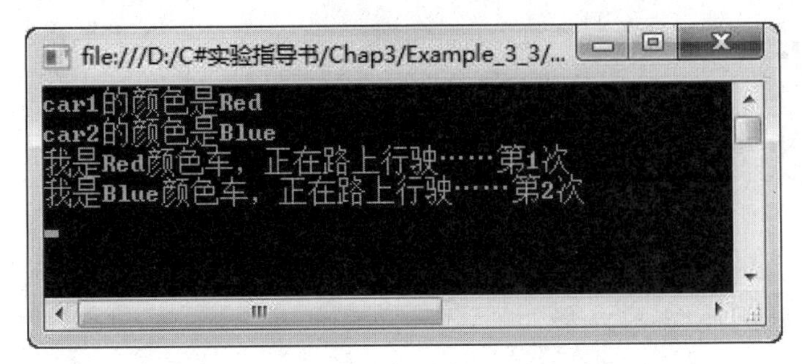

图 3.4

第二部分　课堂练习

问题提出：

输入矩形的宽和长，计算矩形的周长和面积。定义一个类 Rectangle，通过构造函数为私有成员字段 wide 和 high 初始化数据。定义成员函数 Girth 计算矩形周长，定义属性 Area 计算矩形面积。

请教师检查学生的进度及代码规范性。

任务 4　拓展练习

案例 3.1

问题提出：

设计一方法 SplitPath，将路径名“C:\Windows\System\hello.txt”分解为目录名和文件名（用 out 输出参数）。

项目四

创建值类型和引用类型

[参考学时] 6

[学习目的]

（1）理解值类型和引用类型，掌握其应用方法；

（2）理解结构、枚举和一维数组、二维数组的概念，掌握数组的初始化及使用方法。

[能力要求]

（1）能够具有分析实际问题、解决实际问题的能力；

（2）能够使用常用算法：排序、查找、求最大/最小值等。

任务1 结　构

第一部分　教师指导

1. 问题提出

在一个变量中维护账单的详细信息。

2. 问题分析

对于诸如 bill_No、order_Dt、custName、product、cost 和 due_Amt，可以声明一个结构。以下代码段显示了如何创建一个结构：

```
public struct Bill_Details
    {     public string bill_no;
          public string ord_Dt;
          public string custName;
          public string product;
          public double cost;
          public double advance_Amt;
          public double due_Amt;
    }
```

3. 完成步骤

（1）为解决方案创建一个名为“Example_4_1”的控制台应用程序。

打开 Visual Studio 2010 应用程序，选择“文件”→“新建”→“项目”选项，左侧模板语言选择“Visual C#”，右侧选择“控制台应用程序”，在“名称”中填写“Example_4_1”，单击“位置”后的“浏览”按钮，选择存放的路径为“D:\C#实验指导书\Chap 4”，单击“确定”按钮。

（2）创建结构体 Bill_Details，添加如下代码：

```
public struct Bill_Details    //声明一个结构
    { public string bill_no; //账单号
        public string ord_Dt;    //订单日期
        public string custName; //客户姓名
        public string product;   //产品名称
        public double cost;         //产品价格
        public double advance_Amt;//预付金额
        public double due_Amt;    //总金额       }
```

（3）在“Example_4_1”名称空间的主方法 Main 中输入如下内容：

```
        public static void Main(string[] args)
          { Bill_Details billobj=new Bill_Details();
            billobj.bill_no="A101";
            billobj.ord_Dt="10/10/06";
            billobj.custName="Joe";
            billobj.product="Petrol";
            billobj.cost=100;
            billobj.advance_Amt=50;
            billobj.due_Amt=50;
            Console.Clear();
            Console.WriteLine("账单号：   {0}", billobj.bill_no);
            Console.WriteLine("订单日期：{0}", billobj.ord_Dt);
            Console.WriteLine("顾客姓名：   {0}", billobj.custName);
            Console.WriteLine("产品名称：   {0}", billobj.product);
            Console.WriteLine("产品价格：   {0}", billobj.cost);
            Console.WriteLine("预付金额：{0}", billobj.advance_Amt);
            Console.WriteLine("总金额：   {0}", billobj.due_Amt);
            Console.ReadLine();
        }
```

（4）编译和执行程序，选择“调试”→“启动调试”选项来执行此应用程序。运行结果如图 4.1 所示。

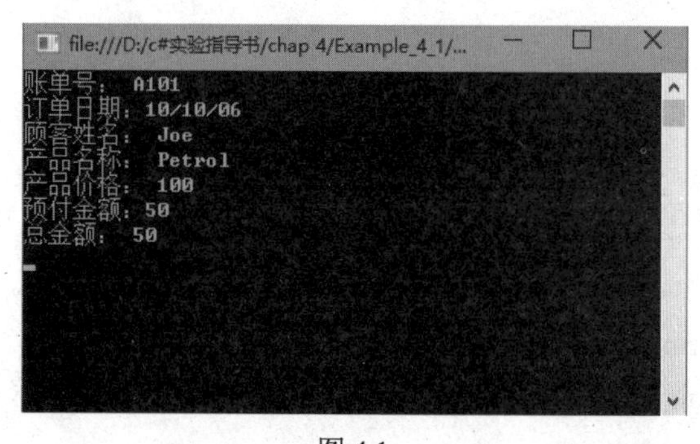

图 4.1

第二部分　课堂练习

问题提出：

编写一个程序来接受以下学生详细信息并通过实现结构来显示：

（1）学生姓名；

（2）学生想要报名参加的课程；

（3）学生 ID 和学生注册 ID。

请教师检查学生的进度及代码规范性。

任务2　枚　举

第一部分　教师指导

1. 问题提出

创建一个控制台应用程序，定义枚举类型 WeekDays 表示星期，输出对应的数值。

2. 问题分析

使用枚举类型，输出星期天到星期六的英文名称。

3. 完成步骤

（1）为解决方案创建一个名为“Example_4_2”的控制台应用程序。

打开 Visual Studio 2010 应用程序，选择“文件”→“新建”→“项目”选项，左侧模板语言选择“Visual C#”，右侧选择“控制台应用程序”，在“名称”中填写“Example_4_2”，单击“位置”后的“浏览”按钮，选择存放的路径为“D:\C#实验指导书\Chap 4”，单击“确定”按钮。

（2）创建枚举类型 WeekDays，添加如下代码：

```
enum WeekDays
    {   Sunday,
        Monday,
        Tuesday,
        Wednesday,
        Thursday,
        Friday,
        Saturday
    } //枚举星期
```

（3）在“Example_4_2”名称空间的主方法 Main 中输入如下内容：

```
static void Main(string[] args)
        {   string[] arr=WeekDays.GetNames(typeof(WeekDays)); //获取名称放入数组
            foreach (string s in arr)
            System.Console.WriteLine(s);            //打印信息
            Console.ReadLine();
```

```
    }
```

（4）编译和执行程序，选择“调试”→“启动调试”选项来执行此应用程序。

运行结果如图 4.2 所示。

图 4.2

第二部分　课堂练习

问题提出：

创建一个控制台应用程序，定义枚举类型 Month 表示十二个月，输入 1～12 中的某一个数，输出对应月份的英文缩写，如输入“6”，输出“jun”。

请教师检查学生的进度及代码规范性。

任务 3　一维数组

第一部分　教师指导

1. 问题提出

编写一个程序，在原有数组中添加几个数据。

2. 问题分析

已有一个数组 arr={1，2，3，4，5}，请使用 ArrayList 集合中的 add 方法来添加数据，添加后的数组为 arry={1，2，3，4，5，6，7，8，9}，在 C#语言中使用 ArrayList 时必须引用 Collections 类。

3. 完成步骤

（1）为解决方案创建一个名为“Example_4_3”的控制台应用程序。

打开 Visual Studio 2010 应用程序，选择“文件”→“新建”→“项目”选项，左侧模板语言选择“Visual C#”，右侧选择“控制台应用程序”，在“名称”中填写“Example_4_3”，单击“位置”后的“浏览”按钮，选择存放的路径为“D:\C#实验指导书\Chap 4”，单击“确定”按钮。

（2）在“Example_4_3”名称空间的主方法 Main 中输入如下内容：

```
static void Main(string[] args)
{   int[] arr=new int[] { 1, 2, 3, 4, 5 };
```

```
            ArrayList list=new ArrayList(arr);
            Console.WriteLine("原始 ArrayList 类中的数据");
            foreach(int i in list)
            {
                Console.Write(i + " ");
            }
            Console.WriteLine();
            Console.WriteLine("使用 add 方法添加");
            for(int i=1; i<5; i++)
            {
                list.Add(i+arr.Length);
            }
            foreach(int i in list)
            {
                Console.Write(i + " ");
            }
            Console.WriteLine();
            Console.ReadLine();
        }
```

（3）编译和执行程序，选择“调试”→“启动调试”选项来执行此应用程序。

运行结果如图 4.3 所示。

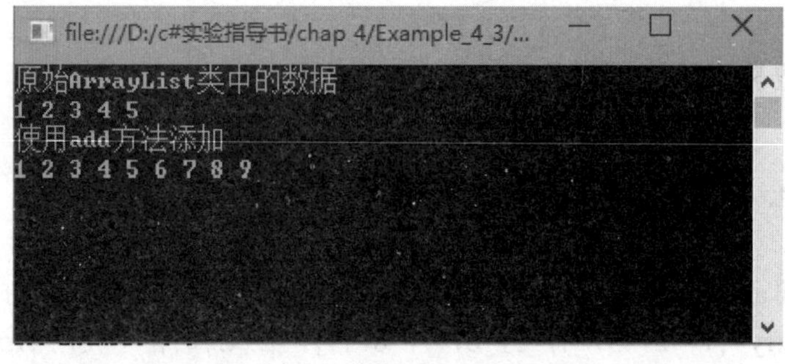

图 4.3

第二部分　课堂练习

问题提出：

编写程序在数组中查找一个给定的数。

提示： 输入 5 个整数，将它们存入数组 a 中，再输入 1 个数 x，然后在数组中查找 x，如果找到，输出相应的下标，否则输出“无此数!”。例如：

输入：2 9 8 9 6

　　　9

```
输出：该数在数组中的位置为:1
    输入：2 9 8 9 6
              7
输出：无此数!
```

请教师检查学生的进度及代码规范性。

任务4　二维组数

第一部分　教师指导

1. 问题提出

将一个二维数组行和列元素互换，存到另一个二维数组中。

2. 问题分析

例如：$a=\begin{Bmatrix}1 & 2 & 3\\4 & 5 & 6\end{Bmatrix}$，行列互换后为：$b=\begin{Bmatrix}1 & 4\\2 & 5\\3 & 6\end{Bmatrix}$。

3. 完成步骤

（1）为解决方案创建一个名为“Example_5_4”的控制台应用程序。

打开 Visual Studio 2010 应用程序，选择“文件”→“新建”→“项目”选项，左侧模板语言选择“Visual C#”，右侧选择“控制台应用程序”，在“名称”中填写“Example_4_4”，单击“位置”后的“浏览”按钮，选择存放的路径为“D:\C#实验指导书\Chap 4”，单击“确定”按钮。

（2）在“Example_4_4”名称空间的主方法 Main 中输入如下内容：

```
static void Main(string[] args)
{ int[,] a=new int[2, 3] { { 1, 2, 3 }, { 4, 5, 6 } };
     int[,] b=new int[3, 2];
     Console.WriteLine("请输出 a 数组：\n");
     int i, j;
     for(i=0; i<2; i++)
     { for(j=0; j<3; j++)
          {   Console.Write("{0}", a[i, j]);
               b[j, i] = a[i, j];
          }
          Console.WriteLine();
     }
     Console.WriteLine("转变后的 b 数组为：\n");
     for(i=0; i<3; i++)
     {
          {   for(j=0; j<2; j++)
```

```
                Console.Write("{0}", b[i, j]);
            }
            Console.WriteLine();
        }
        Console.ReadLine();
    }
```

（3）编译和执行程序，选择“调试”→“启动调试”选项来执行此应用程序。

运行结果如图 4.4 所示。

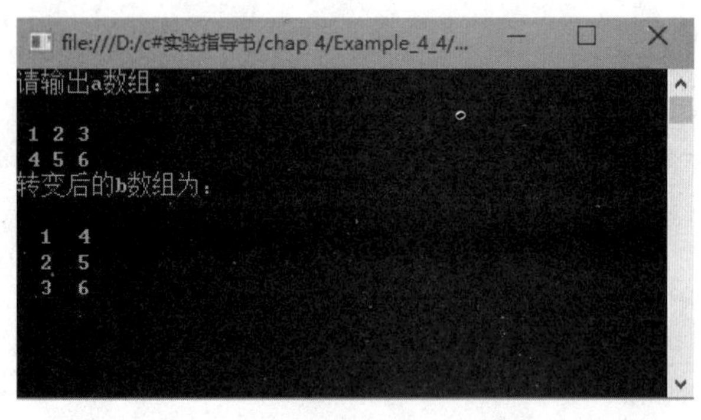

图 4.4

第二部分　课堂练习

问题提出：

有一个 3×4 的矩阵，要求编写程序求出其中值最大的那个元素的值，以及其所在的行号和列号。

提示：若 $a[3][4]=\begin{Bmatrix}1 & 2 & 3 & 4\\ 9 & 8 & 7 & 6\\ 25 & 10 & -5 & 2\end{Bmatrix}$，则

（1）最大值：25；

（2）行号：2；

（3）列号：0。

请教师检查学生的进度及代码规范性。

任务 5　拓展练习

1. 案例 4.1

问题提出：

编写一个程序来求若干个数(不多于 10 个）的最大数、最小数以及它们在数组中的位置。

提示：

（1）输入一个 n 值为：6；

（2）6 个数值为：2　9　−1　8　1　6；

（3）最小值为：–1，在数组中的位置为：2;

（4）最大值为：9，在数组中的位置为：1。

2. 案例 4.2

问题提出：

编写一个程序，用起泡法(冒泡法)对 n 个数排序（由小到大）。

提示：

起泡法的思路是：将相邻两个数比较，将小的调到前头。

例如:对一个这样的序列排序：9，8，5，4，2，0（一共有 6 个数）：

① 9　8　5　4　2　0　　/*9>8，交换*/

② 8　9　5　4　2　0　　/*9>5，交换*/

③ 8　5　9　4　2　0　　/*9>4，交换*/

④ 8　5　4　9　2　0　　/*9>2，交换*/

⑤ 8　5　4　2　9　0　　/*9>0，交换*/

第一轮结束：8　5　4　2　0　9

那么第一轮进行了 n–1=6–1=5 次比较，即循环了 5 次。

第二轮交换：

① 8　5　4　2　0　9　　/*8>5，交换*/

② 5　8　4　2　0　9　　/*8>4，交换*/

③ 5　4　8　2　0　9　　/*8>2 交换*/

④ 5　4　2　8　0　9　　/*8>0，交换*/

第二轮结束：5　4　2　0　8　9

那么第二轮进行了 n–2=6–2=4 次比较，即循环了 4 次。

总结：第 i 轮进行了 n–i 次比较，即循环了 n–i 次。

一共要 n–1 轮比较，即外围循环 n–1 次。

3. 案例 4.3

问题提出：

编写一个程序，查找某个数，使用折半查找法。查找过程：每次将待查记录所在区间缩小一半。

提示：

（1）每次将待查记录所在区间缩小一半。

（2）算法：

① 设表长为 n，low、high 和 mid 分别指向待查元素所在区间的上界、下界和中点，k 为给定值。

② 初始时，令 low=0，high=n–1，mid=$\lfloor$(low+high)/2$\rfloor$。

③ 让 k 与 mid 指向的记录比较：

- 若 k==r[mid]，查找成功；
- 若 k<r[mid]，则 high=mid–1;
- 若 k>r[mid]，则 low=mid+1。

④ 重复上述操作，直至 low>high 时，查找失败。

4. 案例 4.4

问题提出：

打印杨辉三角形，如图 4.5 所示。

```
1
1  1
1  2  1
1  3  3  1
1  4  6  4  1
1  5 10 10 5 1
……
```

图 4.5

提示：由图 4.5 可以知道，杨辉三角形每一行的第一个和最后一个元素是 1，其余的元素是上一行两个元素的和。若用二维数组 y 来存储杨辉三角形，则 y[i，j]=y[i−1，j−1]+y[i−1，j]（1≤j≤i−1）。

项目五
继承与接口

［参考学时］6

［学习目的］

（1）理解类的继承性，掌握其应用方法；

（2）理解抽象类、密封类、接口的概念，掌握抽象类和接口的定义及使用方法。

［能力要求］

（1）能够通过扩展现有类的功能来创建新类；

（2）能够通过使用接口增强类与类之间的约束力。

任务1 继　承

第一部分　教师指导

1. 问题提出

在现实生活中，哺乳动物是动物的一个分支，所以动物普遍具有的特征都可以在哺乳动物身上找到，但哺乳动物也有自己的特点，因此可以将动物看成哺乳动物的父亲。

若通过编程实现，可以通过哺乳动物类来继承一般动物类，从而获得一般动物的特征。

2. 问题分析

用C#语言编写一个控制台应用程序，使用Animal和Mammal两个类来说明一般动物和哺乳动物的继承关系。

Animal 具有名称、所属门类等属性，需要提供方法实现以接收和显示这些属性的值。Mammal 类具有代表哺乳动物习性的属性，这些属性表明哺乳动物与其他类型动物的区别。同样的，需要提供方法实现以接收和显示这些属性的值。

Animal类是一个基类，它包含动物名称和所属门类两个成员以及用于接收和显示信息的两个方法。名为Mammal的派生类包含恒定温度和是否胎生两个成员和用于接收和显示信息的两个方法。

为了检验创建的Animal和Mammal类，应实例化一个Mammal类对象，并调用基类和派生类的方法来存储和检索值。

3. 完成步骤

（1）为解决方案创建一个名为“Example_5_1”的控制台应用程序。

打开Visual Studio 2010应用程序，选择“文件”→“新建”→“项目”选项，左侧模板语言选择“Visual C#”，右侧选择“控制台应用程序”，在“名称”中填写“Example_5_1”，单击“位置”后的“浏览”按钮，选择存放的路径为“D:\C#实验指导书\Chap5”，单击“确定”按钮。

（2）在“Example_5_1”名称空间内添加基类 Animal，基类 Animal 的内容如下：

```
//一般动物类
class Animal
{
    protected string _name;   //动物名称
    protected string _type;   //动物所属门类
    //接收名称和所属门类
    public void AcceptDetails()
    {
        Console.WriteLine("请输入动物名称：");
        this._name = Console.ReadLine();
        Console.WriteLine("请输入所属门类：");
        this._type = Console.ReadLine();
    }
    //显示动物的名称和所属门类
    public void DisplayDetails()
    {
        Console.WriteLine();
        Console.WriteLine("{0} 动物的详细信息如下：", this._name);
        Console.WriteLine("名称：{0}", this._name);
        Console.WriteLine("门类：{0}", this._type);
    }
}
```

（3）在“Example_5_1”名称空间内添加派生类 Mammal，派生类 Mammal 的内容如下：

```
//哺乳动物类，继承一般动物类
class Mammal : Animal
{
    private double _temperature;     //恒定温度值
    private string _isViviparous;   //是否为胎生
    //接收哺乳动物的特征信息
    public void AcceptCharacter()
    {
        Console.WriteLine("请输入哺乳动物的恒定温度：");
        try//捕捉异常,项目八会讲解这方面的内容
        {
            _temperature = Convert.ToDouble(Console.ReadLine());
        }
        catch //捕捉异常，例如：若输入字母，在转换成 Decimal 时会引发异常
        {
```

```
                Console.WriteLine("请为温度输入数字！");
            }
            Console.WriteLine("该哺乳动物是否胎生：");
            _isViviparous = Console.ReadLine();
        }
        //显示哺乳动物的特征信息
        public void DisplayCharacter()
        {
            Console.WriteLine();
            Console.WriteLine("{0} 的特征包括：", this._name);
            Console.WriteLine("恒定温度：{0}", _temperature.ToString());
            Console.WriteLine("是否胎生：{0}", _isViviparous);
        }
    }
```

（4）在主方法 Main 中创建派生类 Mammal 的实例，并分别调用基类和派生类的方法来存储和输出值，主方法 Main 的内容如下：

```
    static void Main(string[] args)
    {
        Mammal objM = new Mammal();//创建派生类对象
        objM.AcceptDetails();//访问基类方法
        objM.AcceptCharacter();
        objM.DisplayDetails();//访问基类方法
        objM.DisplayCharacter();
        Console.ReadLine();
    }
```

（5）编译和执行程序，选择“调试”→“启动调试”选项来执行此应用程序。

运行结果如图 5.1 所示。

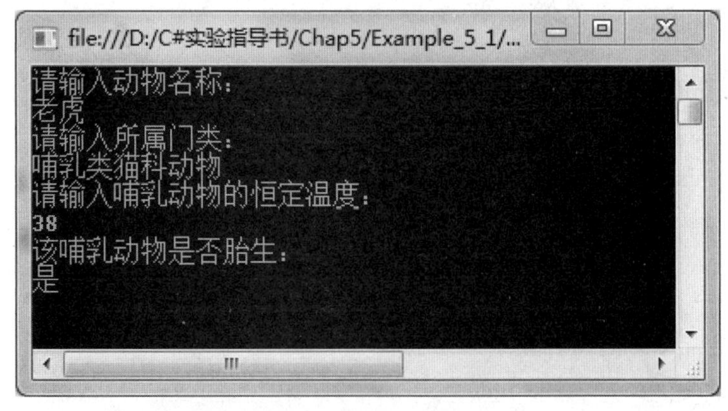

图 5.1

第二部分　课堂练习

问题提出：

建立三个类：居民、成人、大学生。其中居民包含身份证、姓名、出生日期三项数据。而成人继承自居民，包含学历、职业两项数据；大学生继承自成人，包含毕业院校、毕业时间两项数据。要求每个类中都提供数据输入/输出的功能。

请教师检查学生的进度及代码规范性。

任务2　抽象类

第一部分　教师指导

1. 问题提出

任何图形都有它的面积，但不同形状图形的面积的计算方法是不一样的。编写一个程序，使用抽象类和抽象方法来计算不同形状图形的面积。

2. 问题分析

先定义一个抽象类 Figure 来表示图形，该抽象类有一个名为“计算面积”的方法 Area，将此方法定义为抽象方法。

定义好抽象类和抽象方法后，用具体的类继承该抽象类，并实现抽象类中的抽象方法。根据问题，这里定义两个具体形状类：矩形类 Square 和圆类 Circle。

3. 完成步骤

（1）为解决方案创建一个名为“Example_5_2”的控制台应用程序。

打开 Visual Studio 2010 应用程序，选择“文件”→“新建”→“项目”选项，左侧模板语言选择“Visual C#”，右侧选择“控制台应用程序”，在“名称”中填写“Example_5_2”，单击“位置”后的“浏览”按钮，选择存放的路径为“D:\C#实验指导书\Chap5”，单击“确定”按钮。

（2）添加抽象类 Figure，抽象类 Figure 的内容如下：

```
abstract class Figure//抽象类定义，表示一个抽象图形
{
    protected double x=0, y=0;
    public Figure(double a, double b)
    { x=a; y=b; }
    public abstract void Area();    //抽象方法，无实现代码，抽象图形无法计算面积
}
```

（3）添加矩形类 Square，该类继承自抽象类 Figure，并实现了抽象类 Figure 中的抽象方法 Area，矩形类 Square 的内容如下：

```
class Square : Figure       //类 Square 定义，矩形类
{
    public Square(double a, double b): base(a, b)
```

```
    { }
    public override void Area()      //不能使用 new，必须用 override
    { Console.WriteLine("矩形面积是：{0}", x * y); }      //显示矩形面积
}
```

（4）同样添加圆类 Circle，该类继承自抽象类 Figure，并实现了抽象类 Figure 中的抽象方法 Area，圆类 Circle 的内容如下：

```
class Circle : Figure //类 Circle 定义，圆类
{
    public Circle(double a): base(a, a)
    { }
    public override void Area()
    { Console.WriteLine("圆面积是：{0}", 3.14 * x * y); }      //显示圆的面积
}
```

（5）在主方法 Main 中创建抽象类（矩形类 Square 和圆类 Circle）的实例对象，主方法 Main 的内容如下：

```
static void Main(string[] args)
    {
        Square s = new Square(20, 30);
        Circle c = new Circle(10);
        s.Area();
        c.Area();
        Console.ReadLine();
    }
```

（6）编译和执行程序，选择“调试”→“启动调试”选项来执行此应用程序。

运行结果如图 5.2 所示。

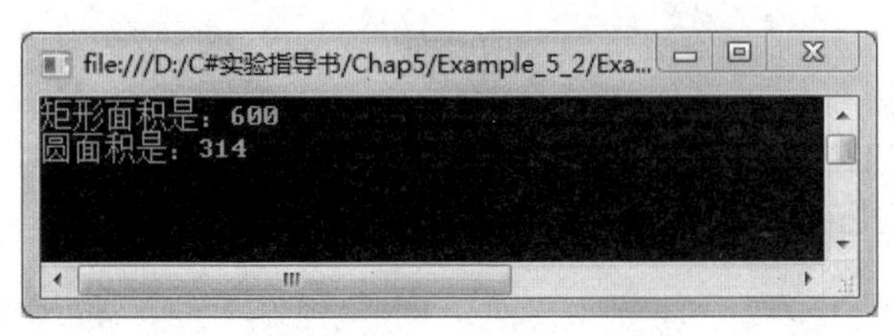

图 5.2

第二部分　课堂练习

问题提出：

在“俄罗斯方块”游戏中，随机落下 L 形、T 形、“田”字形等多种形状，它们是图形的多种形态，可以创建一个名为“Shape”的抽象类，而后派生出 L 形、T 形等，之后在运行时动态绘制各种形状。

提示：“俄罗斯方块”游戏的每个图形至少包含显示当前图形信息、绘制图形两种方法，

其中的绘制图形方法在基类中应该是抽象的，即没有具体的方法体，在后面的派生类中具体实现它们。

请教师检查学生的进度及代码规范性。

任务3 封 装 类

第一部分 教师指导

1. 问题提出

定义一个 Human 类，创建该类的两个对象——小红和小明，如果对象是男性（如小明），他可以公开他的姓名、年龄和职业，如果对象是女性（如小红），她只能公开她的姓名和职业。

2. 问题分析

C#语言中出现了 public、private 等关键字，这些关键字被称为访问修饰符，通过它们可实现类的封装思想。封装的主要应用是实现类中字段的存取控制，一般情况下，将类的特性设置为私有字段，然后通过 get()、set()的形式来获取或设置字段的值。

一个属性并不一定同时有 get 和 set 访问器。在属性的定义过程中，如果只有 get 部分，表示该属性为只读；如果只有 set 部分，则表示该属性为只写。当然，如果属性只写而不能读，是没有意义的，所以一般不定义只写属性。

3. 完成步骤

（1）为解决方案创建一个名为“Example_5_3”的控制台应用程序。

打开 Visual Studio 2010 应用程序，选择“文件”→“新建”→“项目”选项，左侧模板语言选择“Visual C#”，右侧选择“控制台应用程序”，在“名称”中填写“Example_5_3”，单击“位置”后的“浏览”按钮，选择存放的路径为“D:\C#实验指导书\Chap5”，单击“确定”按钮。

（2）添加类 Human，类 Human 的内容如下：

```
class Human
{
    private string name;
    public string Name
    {
        get{ return name; }
        set{ name=value; }
    }
    private string sex;
    public string Sex
    {
        get{ return sex; }
        set{ sex=value; }
    }
```

```
        private string profession;
        public string Profession
        {
            get{ return profession; }
            set{ profession=value; }
        }
        private int age;
        public int Age
        {
            get{ return age; }
            set{ age=value; }
        }
        public Human(string name, string sex, int age, string profession)
        {
            this.name=name;
            this.sex=sex=="男"?sex:"女";
            this.age=age;
            this.profession = profession;


        }
        public void PersonalInfo()
        {
            if(sex != "女")
                Console.WriteLine("我叫：{0},年龄:{1},职业是:{2}",name,age,profession);
            else
                Console.WriteLine("我叫：{0},职业是:{1}", name, profession);
        }
    }
```

（3）在主方法 Main 中创建 Human 的实例，主方法 Main 的内容如下：

```
        static void Main(string[] args)
        {
            Human Hong = new Human("小红","女",35,"小学教师");
            Human Ming = new Human("小明", "男", 31, "银行职员");
            Hong.PersonalInfo();
            Ming.PersonalInfo();
            Console.Read();
        }
```

（4）编译和执行程序，选择“调试”→“启动调试”选项来执行此应用程序。

运行结果如图 5.3 所示。

图 5.3

第二部分　课堂练习

问题提出：

定义一个书类 Book，要求一旦实例化一本书后，外界只能更改此书的价格，而不能修改书的其他基本数据，为实现信息的安全性，外界只能通过类的方法来获得书的基本信息。

提示：书类 Book 有 bookId、name、press、price 成员字段，其中字段 price 的属性 Price 是可读写的，其他属性都是只读的。

请教师检查学生的进度及代码规范性。

任务 4　接　口

第一部分　教师指导

1. 问题提出

模拟饭店吃饭的情景，假设饭店有两本菜单：一本是家常菜单，包括宫保鸡丁、京酱肉丝等；一本是主食菜单，包括面条、水饺等。但是不管什么类型的菜，最终都是由服务员传递给顾客的。

2. 问题分析

菜单是顾客、厨师、服务员和收银员的共同约定，通过菜单，可以实现这几类对象之间的交互，最终维持饭店的正常运营。而接口的作用就类似于饭店的菜单，通过接口，可以建立软件系统不同对象间的共同约定。

一般来讲，继承有单继承和多继承，但是 C#语言只允许类的单继承，不过多继承可以带来非常灵活的设计，为了实现多继承的灵活性，C#语言提出了接口的概念，通过接口可以实现与多重继承等价的功能。

接口和抽象类类似，只能被继承，不能被实例化。

3. 完成步骤

（1）为解决方案创建一个名为“Example_5_4”的控制台应用程序。

打开 Visual Studio 2010 应用程序，选择“文件”→“新建”→“项目”选项，左侧模板语言选择“Visual C#”，右侧选择“控制台应用程序”，在“名称”中填写“Example_5_4”，单击“位置”后的“浏览”按钮，选择存放的路径为“D:\C#实验指导书\Chap5”，单击“确定”按钮。

（2）创建名为“MenuDish”的接口，标示菜单上的菜名，接口 MenuDish 的内容如下：

```
namespace Example_5_4
```

```
{//创建名为"MenuDish"的接口，标识菜单上的菜名
    interface MenuDish
    {
        void GongBaoChicken();//宫保鸡丁
        void PorkWithBeanSauce();//京酱肉丝
    }
}
```

（3）创建名为“MenuFood”的接口，标示菜单上的主食名，接口 MenuFood 的内容如下：

```
namespace Example_5_4
{
    //创建名为"MenuFood"的接口，标识菜单上的主菜名
    interface MenuFood
    {
        void Noodle();//面条
        void Dumpling();//饺子
    }
}
```

（4）创建名为“Waiter”的接口，负责将菜传递给顾客，接口 Waiter 的内容如下：

```
namespace Example_5_4
{
    //创建名为"Waiter"的接口，负责将菜传递给顾客
    public class Waiter : MenuDish, MenuFood
    {
        string name;
        string Name
        {
            get{ return name; }
            set{ name=value; }
        }
        public Waiter(String name)
        {
            this.name=name;
        }
        public void GongBaoChicken()
        {
            Console.WriteLine("宫保鸡丁做好了，服务员" + name + "将它端给了顾客");
        }
        public void PorkWithBeanSauce()
        {
```

```
            Console.WriteLine("京酱肉丝做好了，服务员" + name + "将它端给了顾客");
        }
        public void Noodle()
        {
            Console.WriteLine("面条做好了，服务员" + name + "将它端给了顾客");
        }
        public void Dumpling()
        {
            Console.WriteLine("饺子做好了，服务员" + name + "将它端给了顾客");
        }
        public void ShowMenu()
        {
            Console.WriteLine("服务员" + name + "把菜单把菜单拿给顾客点菜");
        }
        public void FinishShowMenu()
        {
            Console.WriteLine("顾客点好了菜，服务员" + name + "收回了菜单");
        }
    }
}
```

（5）在主方法 Main 中创建 Waiter 的实例，实现接口，主方法 Main 的内容如下：

```
static void Main(string[] args)
    {
        Waiter w=new Waiter("A005");
        w.ShowMenu();
        w.FinishShowMenu();
        w.GongBaoChicken();
        w.Dumpling();
        Console.Read();
    }
```

（6）编译和执行程序，选择“调试”→“启动调试”选项来执行此应用程序。运行结果如图 5.4 所示。

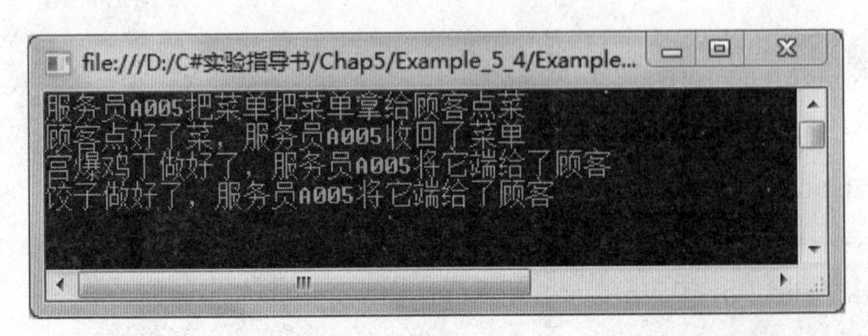

图 5.4

第二部分　课堂练习

1. 问题提出（一）

在中学、大学里都有推荐优秀学生的活动，优秀中学生被推荐上好大学，而优秀大学生被推荐给好的工作单位。试定义一个优秀学生推荐接口 IRecommend 和一个学生类 Student；新建一个中学生类 MidStudent 和一个大学生类 ColStudent，这两个类都派生自类 Student，且实现接口 IRecommend。

请教师检查学生的进度及代码规范性。

2. 问题提出（二）

动物都要吃东西，人也不例外。人不仅要吃东西，而且要穿衣服，特别是婴幼儿，还需要在妈妈的帮助下穿好衣服。试定义以下接口和类，完成上面的描述。

在接口 IEat 中声明方法 Eat，接口 IHuman 继承自接口 IEat，再声明方法 Dress。

类 Person 不仅实现接口 IHuman，还有自己的属性 Name、Age 和成员方法 ShowInfo，方法 ShowInfo 用来显示自己的姓名和年龄。

类 Baby 继承自类 Person，并覆盖方法 Dress，表明婴幼儿要在妈妈的帮助下才能穿好衣服。

请教师检查学生的进度及代码规范性。

任务 5　拓展练习

1. 案例 5.1：学生信息管理系统的显示学生信息功能

问题提出：

人都有姓名、年龄等属性，并能将这些属性告诉别人。试定义一个学生类 Student，该类继承自人类 Person，且有自己的一些属性，如学号、班级和所在学校；另外学生还能将自己的学习情况告诉别人。

提示：

（1）Person 类有 name 和 Age 成员变量，类型分别是 string 和 int，有成员方法 DispInfo，用来输出姓名和年龄。

（2）Student 类继承自 Person 类，并增加了 no、classname 和 schoolname 成员变量，类型都是 string，有成员方法 StudyInfo，用于输出学生所在学校、班级和学习情况（学习情况有“优秀”“良好”“合格”和“不合格”四种）。

2. 案例 5.2：企事业单位薪资管理系统的计算薪水功能

问题提出：

在某企业中，员工薪水的计算方法是不同的。例如，销售人员的工资是员工基本工资加提成，管理人员的工资是基数乘以级别系数。现要求定义一个抽象的员工类和两个派生类来解决上述问题。其中抽象类包含一个用于计算员工薪水的抽象方法 Earning 和一个输出员工薪水的一般方法 Print。

项目六

多态性

［参考学时］4

［学习目的］

（1）理解类的多态性，掌握其应用方法；

（2）理解构造函数重载、运算符重载和虚函数的概念，掌握运算符重载的定义及使用方法。

［能力要求］

（1）能够利用方法重载完成同一问题的多种不同解决方法；

（2）能够利用运算符重载拓展运算符的功能；

（3）能够利用虚方法和方法隐藏实现多态。

任务1　方法重载

第一部分　教师指导

1. 问题提出

纳税是每个公民应尽的义务。不同的对象其纳税计算公式是不一样的，如个人所得税=（月收入–抵扣额）×税率；企业利润率=企业利润总额×征收税率；房产交易税=（卖出价–买入价）×税率（这里有持有房屋年限的要求，房屋持有年限大于5年的免交营业税）。试在类Tax中定义多个重载方法ComputeTax来模拟不同纳税计算方法。

2. 问题分析

根据题目要求，新建一个类Tax，在类中分别定义3个ComputeTax重载方法，方法的参数及返回值类型根据任务要求来决定。然后在主方法Main中，通过创建类Tax的实例，分别调用不同重载形式的ComputeTax方法来计算不同的税额。

补充知识：

多态分两种，即运行时多态和编译时多态，编译时多态一般采用重载（overload）来实现，运行时多态采用覆盖（override）来实现，本项目任务3的虚函数就是运行时多态。

3. 完成步骤

（1）为解决方案创建一个名为“Example_6_1”的控制台应用程序。

打开Visual Studio 2010应用程序，选择“文件”→“新建”→“项目”选项，左侧模板语言选择“Visual C#”，右侧选择“控制台应用程序”，在“名称”中填写“Example_6_1”，单击“位置”后的“浏览”按钮，选择存放的路径为“D:\C#实验指导书\Chap6”，单击“确定”按钮。

（2）添加类“Tax.cs”。

（3）在类 Tax 中添加一个方法 ComputeTax，用于计算个人工资所得税，方法 ComputeTax 的内容如下：

```
public float ComputeTax(float salary, float baseline, float rate)
    {
        float taxation;
        if(salary<=baseline)
            taxation=0;
        else
        {
            taxation=(salary - baseline)*rate;
        }
        return taxation;
    }
```

（4）在类 Tax 中添加一个方法 ComputeTax，用于计算房产交易税，方法 ComputeTax 的内容如下：

```
public float ComputeTax(float soldPrice, float boughtPrice, int year,float rate)
    {
        float taxation;
        if(soldPrice<boughtPrice||year>4)
            taxation=0;
        else
        {
            taxation=(soldPrice-boughtPrice )*rate;
        }
        return taxation;
    }
```

（5）在类 Tax 中再添加一个方法 ComputeTax，用于计算企业利润率，方法 ComputeTax 的内容如下：

```
public float ComputeTax(float profit,    float rate)
    {
        float taxation;
        taxation=profit*rate;
        return taxation;
    }
```

（6）在主方法 Main 中通过创建 Tax 类的实例对象 tax，分别计算各种情况下应交的税额，主方法 Main 的内容如下：

```
static void Main(string[] args)
        {
```

```
            float rate;                                  //税率
            float salary, baseline;                      //月薪，抵扣额
            float soldPrice, boughtPrice;                //房屋原价和现价
            int year;                                    //房屋持有年限
            float profit;                                //企业利润总额
            Tax tax=new Tax();                           //创建对象 tax
            //计算个人工资所得税
            Console.Write("请输入您的月薪：");
            salary=float.Parse(Console .ReadLine ());
            Console.Write("请输入工资的抵扣额：");
            baseline=float.Parse(Console.ReadLine());
            Console.Write("请输入税率：");
            rate=float.Parse(Console.ReadLine());
            Console.WriteLine("应交个人工资所得税：{0}元\n",tax.ComputeTax
              (salary ,baseline ,rate));
            //计算房屋交易营业税
            Console.Write("请输入房屋原价：");
            boughtPrice=float.Parse(Console.ReadLine());
            Console.Write("请输入房屋现价：");
            soldPrice=float.Parse(Console.ReadLine());
            Console.Write("请输入税率：");
            rate=float.Parse(Console.ReadLine());
            Console.Write("请输入房屋持有年限：");
            year=int.Parse(Console.ReadLine());
            Console.WriteLine("应交房屋交易营业税：{0}元\n",tax.ComputeTax
            (soldPrice ,boughtPrice ,year ,rate));
            //计算企业利润税
            Console.Write("请输入企业利润总额：");
            profit=float.Parse(Console.ReadLine());
            Console.Write("请输入税率：");
            rate=float.Parse(Console.ReadLine());
            Console.WriteLine("应交企业利润税：{0}元\n", tax.ComputeTax(profit,
rate));
            Console.ReadLine();
        }
```

（7）编译和执行程序，选择“调试”→“启动调试”选项来执行此应用程序。

运行结果如图 6.1 所示。

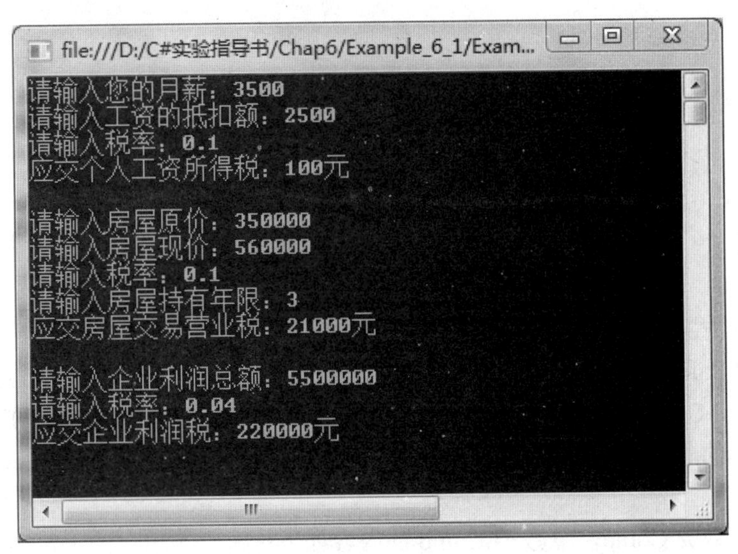

图 6.1

第二部分　课堂练习

问题提出：

某城市的家庭按如下方式缴纳电话费、水费和电费：单独缴纳电话费，同时缴纳水费和电费，同时缴纳电话费、水费和电费。各种费用的计算公式如下：

电话费=短途费用+长途费用。短途费用是前 3 分钟按照每分钟 0.2 元计费，后续按每分钟 0.1 元计费，不足 3 分钟按照 3 分钟计算；长途话费按每分钟 0.6 元计费，不足 1 分钟按照 1 分钟计算。

水费=用水量×3.2 元/吨。

电费=峰时用电量×0.558 3 元/度+谷时用电量×0.358 3 元/度。

提示：试创建一个家庭类 Home 来完成上述缴费功能，要求家庭的多种缴费方式用构造函数来完成，各种计费公式用方法的重载完成。

请教师检查学生的进度及代码规范性。

任务 2　运算符的重载

第一部分　教师指导

1. 问题提出

数学中复数的加法按照以下规定的法则进行：设 z1=a+bi，z2=c+di 是任意两个复数， 则它们的和是 (a+bi)+(c+di)=(a+c)+(b+d)i。两个复数的和依然是复数，它的实部是原来两个复数实部的和，它的虚部是原来两个虚部的和，减法操作规则相同。为了方便复数运算，对该复数类进行重载运算符“+”和“–”。

2. 问题分析

先定义一个复数类 Comp，为了实现复数的“+”和“–”二元运算符的重载，需要有两个操作数，分别对应复数类的实部和虚部。

一般而言，复数类具有两个成员变量分别表示其实部和虚部，但是复数允许实部为 0 的特殊情况出现，所以需要对复数类 Comp 的构造函数进行重载。

补充知识：

在 C#语言中，不是所有的运算符都能重载，如 is、sizeof、new 等运算符便不能被重载。

如果重载比较运算符，那么必须成对重载，即如果重载了“==”，则必须也重载“!=”。

3. 完成步骤

（1）为解决方案创建一个名为“Example_6_2”的控制台应用程序。

打开 Visual Studio 2010 应用程序，选择“文件”→“新建”→“项目”选项，左侧模板语言选择“Visual C#”，右侧选择“控制台应用程序”，在“名称”中填写“Example_6_2”，单击“位置”后的“浏览”按钮，选择存放的路径为“D:\C#实验指导书\Chap6”，单击“确定”按钮。

（2）添加复数类 Comp，复数类 Comp 的内容如下：

```
public class Comp
{
    double real, imaginary;//定义复数的实部和虚部变量
    public Comp(double r, double ur)
    {
        real=r;
        imaginary=ur;
    }
    public Comp(double ur)//构造函数重载
    {
        real=r;
        imaginary=0;
    }

}
```

（3）在复数类 Comp 中对算术运算符“+”和“−”进行重载，在上面的复数类 Comp 添加这两个重载方法，添加的内容如下：

```
public static Comp operator +(Comp a, Comp b)//重载运算符"+"
  {
    return new Comp(a.real+b.real, a.imaginary+b.imaginary);
  }
public static Comp operator-(Comp a, Comp b)//重载运算符"-"
  {
    return new Comp (a.real-b.real, a.imaginary-b.imaginary);
  }
```

（4）复数的表示可以考虑通过重载 ToString 方法来实现，重载方法的内容如下：

```
public override string ToString()//重载 ToString 方法来显示复数的表达式
    {
        return (String.Format("{0}+{1}i", real, imaginary));
    }
```

（5）在主方法 Main 中创建复数类 Comp 的两个实例，分别进行复数的加法和减法运算，主方法 Main 的内容如下：

```
static void Main(string[] args)
        {
            Comp comp1=new Comp(7.6);
            Comp comp2=new Comp(4.3,5.8);
            Comp comp3=comp1+comp2;
            Comp comp4=comp1-comp2;
            Console.WriteLine("两复数相加：({0})+({1})={2}", comp1.ToString(),
            comp2.ToString(), comp3.ToString());
            Console.WriteLine("两复数相减：({0})-({1})={2}", comp1.ToString(),
            comp2.ToString(), comp4.ToString());
            Console.ReadLine();
        }
```

（6）编译和执行程序，选择“调试”→“启动调试”选项来执行此应用程序。

运行结果如图 6.2 所示。

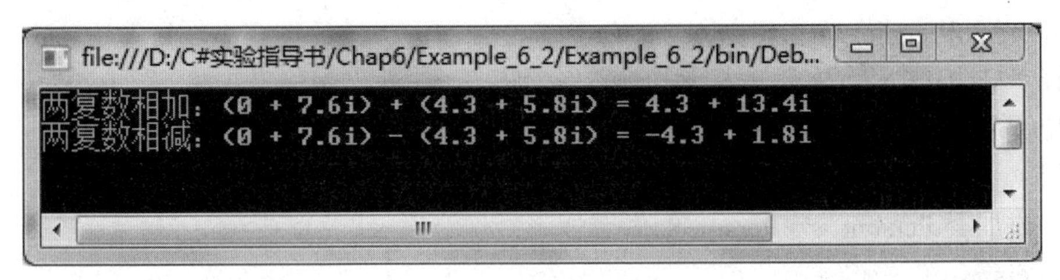

图 6.2

第二部分　课堂练习

问题提出：

构建一个类 Point，它包含两个构造函数——一个没有参数的 Point 构造函数和一个有两个 double 参数的构造函数。重载“-”运算符，计算出两个点（Point 类）的横坐标间的距离与纵坐标间的距离，作为另一点的坐标返回。另外在该类中提供一个静态方法计算两个点的直线距离，带一个 Point 对象参数。然后设计一个测试类来对 Point 类进行使用。

提示：先定义两个变量来存储 Point 点的 X，Y 坐标；无参数的构造函数将 X，Y 坐标赋为 0；有参数的构造函数将传入的参数分别赋给 X，Y 坐标。

请教师检查学生的进度及代码规范性。

任务3　虚 方 法

第一部分　教师指导

1. 问题提出

学生类Student继承自人类Person，基类Person类的虚方法SayHello用来实现人和人之间的问候，假设班级内的学生需要向其他同学介绍自己，要实现学生和学生之间的问候，需要在学生类中重新实现虚方法SayHello。同时，为了防止同一个学生的信息被重复输入，又需要在学生类中重新定义类Object的虚方法Equals（用来比较两个对象是否相等）。

2. 问题分析

一般而言，Person类具有姓名、年龄和地址这些属性，Student类除具有Person类属性外，还应该具有学号和爱好等属性。

C#语言的Object类定义的虚方法Equals只是比较两个应用类型的引用本身是否相等，如果相等则返回true，否则返回false。这显然不适用于判断两个学生对象是否相同，所以需要在学生类Student中对Equals方法重新定义，该方法用于判断学生对象的学号和姓名是否相同，如果相同，则认为是同一学生，返回true，否则返回false。

为实现运行时的多态，也称为覆盖，基类的方法修饰符一般采用 virtual，子类的方法修饰符采用override。

3. 完成步骤

（1）为解决方案创建一个名为“Example_6_3”的控制台应用程序。

打开Visual Studio 2010应用程序，选择“文件”→“新建”→“项目”选项，左侧模板语言选择“Visual C#”，右侧选择“控制台应用程序”，在“名称”中填写“Example_6_3”，单击“位置”后的“浏览”按钮，选择存放的路径为“D:\C#实验指导书\Chap6”，单击“确定”按钮。

（2）添加类Person，类Person的内容如下：

```
class Person
{
    protected string name;//姓名
    protected int age;//年龄
    protected string address;//家乡
    public Person(string name,int age,string address)
    {
        this.name=name;
        this.age=age;
        this.address=address;
    }
    public virtual void SayHello()//人与人之间的介绍
    {
```

```
            Console.WriteLine("大家好，我叫{0}，来自{1}，今年{2}岁",name,address ,age);
        }
    }
```

（3）添加类 Student，其派生于 Person 类。类 Student 的内容如下：

```
        class Student:Person
    {
        string no;//学号
        string hobby;//爱好
        public Student(string name,string no,int age,string address,string hobby):base (name,age,
address)
        {
            this.no=no;
            this.hobby=hobby ;
        }
        public override void SayHello()//学生之间的介绍
        {
            Console.WriteLine("Hello,我叫{0}，学号是{1}，今年{2}岁，我的爱好是
            {3}",name ,no,age,hobby );
        }
        public override bool Equals(object obj)
        {
            Student stu=(Student)obj;
            if(stu==null)
                return false;
            if(stu.no==this.no  &&  stu.name==this.name)//学号和姓名相同则认为是同一
个学生
                return true;
            else
                return false;
        }
    }
```

（4）在主方法 Main 中创建一个学生数组，向学生数组中添加学生成员，并显示第一个学生的信息介绍，主方法 Main 的内容如下：

```
    static void Main(string[] args)
        {
            Student[] studs=new Student[30];//创建一个学生数组
            string[] strs=new string[5];//保存输入的学生信息的临时字符串数组
            Console.WriteLine("请向学生数组中添加学生信息");
            Console.WriteLine("输入学生姓名、学号、年龄、地址和爱好，以空格分开输入
```

```
 的各项，并以-1 结束");
        for(int i=0; i<studs.Length; i++)
        {
            string temp=Console.ReadLine();
            if(temp=="-1")
                break;
            strs=temp.Split(new char[]{' '},5);//返回以空格分隔的子字符串构成的数组
            studs[i]=new Student(strs[0],strs[1],int.Parse(strs[2]),strs[3],strs[4]);
            for(int j=0; j<i; j++)
            {
                if(studs[j].Equals(studs[i]))//判断两个学生的信息是否相同
                {
                    Console.WriteLine("该学生已经存在，请重新输入！！ ");
                    i--;
                    break;
                }
            }
        }
        Console.WriteLine("输入完毕，以下是第一个学生的问候信息！！ ");
        studs[0].SayHello();//显示第一个学生的问候信息
        Console.ReadLine();
    }
```

（5）编译和执行程序，选择“调试”→“启动调试”选项来执行此应用程序。运行结果如图 6.3 所示。

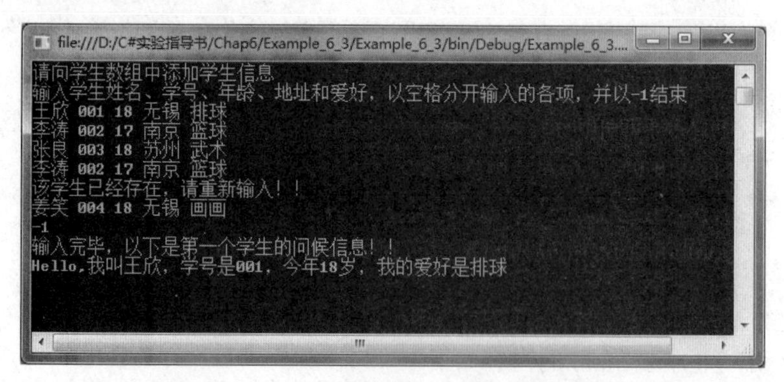

图 6.3

第二部分　课堂练习

问题提出：

学生都有学习的任务，但不同类型的学生的学习内容是不一样的，如高中生面临高考，

学习很辛苦，大学毕业生为适应就业岗位的需要进行岗前培训。试定义学生接口 IStudent、继承自接口的类 MidStudent 和它的派生类 Graduate，来满足上述不同阶段学生的学习要求。（要求使用 virtual 关键字重新实现接口的方法 Study）。

提示：接口 IStudent 中需要声明一个方法 Study，MidStudent 类中有虚拟方法 Study 来实现接口 IStudent，同时 MidStudent 应该含有姓名和就读学校这两个成员变量，类 Graduate 中有新的成员变量（就业单位），并重新实现了接口方法 Study。

请教师检查学生的进度及代码规范性。

任务 4　拓展练习

1. 案例 6.1：教学管理系统的登录功能

问题提出：

在学校教务管理系统中，有 3 种用户，一种是系统管理员，一种是学生，一种是教师。编写 C#类实现该继承关系。系统管理员、学生、教师都有用户名和密码属性，并都有 Login 和显示自身信息的方法；另外学生拥有班级和成绩两个特殊属性以及查询成绩这一方法，教师拥有部门和工资两个特殊属性以及查询工资这一方法，系统管理员可以添加学生和教师信息。由于教师和学生的个人信息不同，所以学生和教师重载基类的 DisplayInfo 方法不同。

提示：

（1）对于此类问题，首先应该抽象 3 类用户共同的特征，在此基础上，再派生普通类型的用户。

（2）在派生类中调用基类的方法，用 base 和 override 关键字覆盖基类的同名方法。

2. 案例 6.2：数学中各种图形面积的计算

问题提出：

请采用面向对象的程序设计方法编写一个计算图形面积的类，程序应当能够计算并输出圆、矩形和三角形的面积。构造三个重载方法，对每一种图形类型使用不同的输入参数来计算面积：圆形面积的计算方法用半径作输入参数，矩形面积的计算方法用长和宽作输入参数，三角形面积的计算方法用三条边的长度作输入参数。可以将这些方法定义为静态类型。最后编写主程序类来对该类进行使用。

项目七
文件的输入和输出

［参考学时］8

［学习目的］

（1）理解文件的输入流为读操作，输出流为写操作；

（2）理解目录路径和目录下的文件列表信息。

［能力要求］

（1）能够通过 FileStream、StreamReader 和 StreamWriter 类实现文件的读写操作；

（2）能够通过 DirectoryInfo 和 FileInfo 类获取文件和目录。

任务1　文件的输入/输出

第一部分　教师指导

1. 问题提出

文件以数据流的形式进行读写。调试以下两段程序，写出输出结果：

```
using System;
using System.Collections.Generic;
using System.Text;
using System.IO;

namespace Example_7_1
{
    class Program
    {
        static void Main(string[] args)
        {
            //读取
            byte[] byData=new byte[50];
            char[] charData=new char[50];

            FileStream fs=new FileStream("data1.dat", FileMode.Open);
            fs.Seek(0, SeekOrigin.Begin);
            fs.Read(byData, 0, 25);
```

```
                Decoder d=Encoding.UTF8.GetDecoder();
                d.GetChars(byData, 0, byData.Length, charData, 0);
                Console.WriteLine(charData);
                fs.Close();

                Console.ReadLine();
            }
        }
    }

using System;
using System.Collections.Generic;
using System.Text;
using System.IO;

namespace Example_7_1
{
    class Program
    {
        static void Main(string[] args)
        {
            //写入
            byte[] byData;
            char[] charData;

            FileStream fs=new FileStream("data2.dat", FileMode.Create);
            charData="Chapter7 File I/O".ToCharArray();
            byData=new byte[charData.Length];

            Encoder e=Encoding.UTF8.GetEncoder();
            e.GetBytes(charData, 0, charData.Length, byData, 0, true);

            fs.Seek(0, SeekOrigin.Begin);
            fs.Write(byData, 0, byData.Length);
            fs.Close();

            Console.ReadLine();
        }
    }
    }
```

2. 问题分析

FileStream 类只能处理操作原始的字节数据，而 Stream 类里的 StreamReader 或 StreamWriter 操作的是字符数据，因此 FileStream 类可以用于任何数据文件，而不仅仅是文本文件。虽然字符数据易于使用，但是有些操作，比如随机文件访问(访问文件中间某点的数据)，就必须由 FileStream 对象执行。

1）文件位置

FileStream 类维护内部文件的指针，指向文件中进行下一次读写操作的位置。在大多数情况下，当打开文件时，它就指向文件的开始位置，但是指针位置可以修改。实现此功能的方法是 Seek(long offset，SeekOrigin origin)，它有两个参数：第一个参数 offset 规定文件指针以字节为单位的移动距离。第二个参数 origin 规定开始计算的起始位置，用 SeekOrigin 枚举的一个值表示。Seek Origin 枚举包含 3 个值：Begin、Current 和 End。

2）读取数据

FileStream 类的 Read(byte[]buffer，int offset，int count)方法是从文件中读取数据，再把数据写入一个字节数组。它有三个参数：第一个参数 buffer 是传输进来的字节数组，用以接受 FileStream 对象中的数据；第二个参数 offset 是字节数组中开始写入数据的位置，它通常是 0，表示从数组开端向文件中写入数据；最后一个参数 count 指定从文件中读出多少字节。

Decoder 类可用于将原始字节转换为字符数组，以便在控制台显示它。

3）写入数据

写入数据与读取数据非常类似。首先需要构建要写入文件的字符数组；然后使用 Encoder 对象将字符数组转换为字节数组，其用法与 Decoder 非常类似；最后调用 Write(byte[]buffer，int offset，int count)方法，将字节数组传送到文件中。

3. 完成步骤

（1）为解决方案创建一个名为“Example_5_1”的控制台应用程序。

打开 Visual Studio 2010 应用程序，选择“文件”→“新建”→“项目”选项，左侧模板语言选择“Visual C#”，右侧选择“控制台应用程序”，在“名称”中填写“Example_7_1”，单击“位置”后的“浏览”按钮，选择存放的路径为“D:\C#实验指导书\Chap7”，单击“确定”按钮。

（2）在“Example_7_1”名称空间的主方法 Main 中输入程序代码。

（3）编译和执行程序，选择“调试”→“启动调试”选项来执行此应用程序。

运行结果如图 7.1 所示。

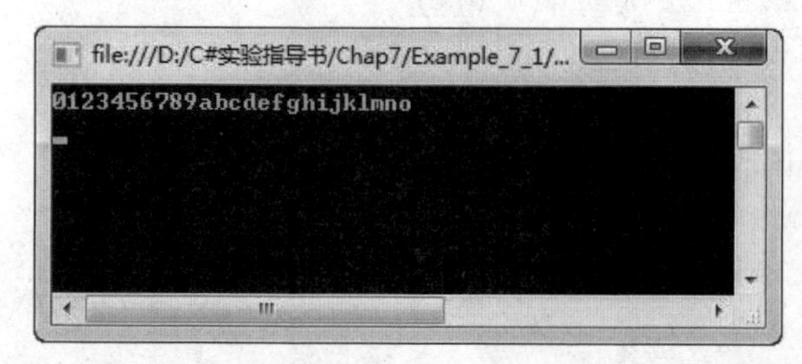

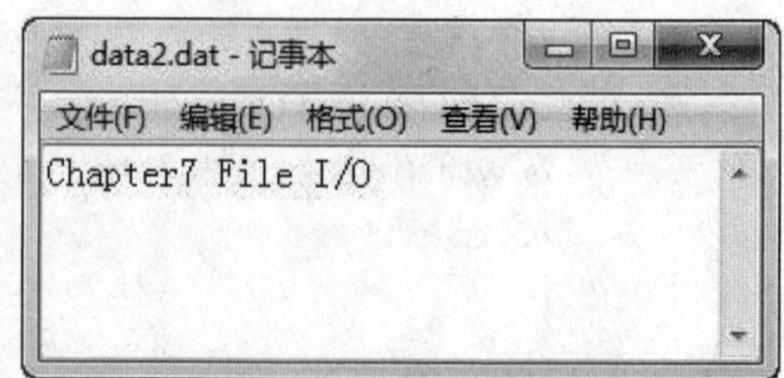

图 7.1

第二部分　课堂练习

问题提出：

文件“data1.dat”的内容为：abcde，文件“data2.dat”的内容为：12345，将“data2.dat”中从倒数第4位开始读取3个字节，再追加到“data1.dat”文件中，并显示“data1.dat”被追加后的文件内容。

请教师检查学生的进度及代码规范性。

任务2　文本文件的读写

第一部分　教师指导

1. 问题提出

录入任意数据信息到“wr.txt”文本文件中，以输入“0”作为结束录入标记。读取录入文件的信息并输出到控制台。

2. 问题分析

StreamReader类用于从文本文件读取数据，StreamWriter类用于向文本文件写入数据。

using指令有两个用途：

（1）作为指令，用于为命名空间创建别名或导入其他命名空间中定义的类型。

（2）作为语句，用于定义一个范围，在此范围的末尾将释放对象。

Stream类等非.net托管的范围，没办法自己释放资源，需要用close方法进行手动关闭释放资源，所以可用 using 指令进行，如果超出了花括号的范围，那资源就被释放了。若不释放资源，电脑长时间运行，将导致内存越来越小。除了用 using，也可以用 try{}、catch{}、finally{}对文件溢出等异常情况进行捕获。

3. 完成步骤

（1）为解决方案创建一个名为“Example_5_2”的控制台应用程序。

打开Visual Studio 2010应用程序，选择“文件”→“新建”→“项目”选项，左侧模板语言选择“Visual C#”，右侧选择“控制台应用程序”，在“名称”中填写“Example_7_2”，单击“位置”后的“浏览”按钮，选择存放的路径为“D:\C#实验指导书\Chap7”，单击“确定”按钮。

（2）添加类FileReadWrite，以及ReadData()和WriteData()方法，内容如下：

```
class FileReadWrite
{
    public void ReadData()
    {
        using (FileStream fs=new FileStream("wr.txt", FileMode.Open, FileAccess.Read))
        {
            using (StreamReader sr=new StreamReader(fs))
```

```
            {
                while (sr.EndOfStream!=true)
                {
                    Console.WriteLine(sr.ReadLine());
                }
            }
        }
    }

    public void WriteData()
    {
        using (FileStream fs=new FileStream("wr.txt", FileMode.Create, FileAccess.Write))
        {
            using (StreamWriter sw=new StreamWriter(fs))
            {
                string str;
                str=Console.ReadLine();
                while (str!="0")
                {
                    sw.WriteLine(str);
                    str=Console.ReadLine();
                }
            }
        }
    }
```

（3）在主方法 Main 中创建 FileReadWrite 类的实例对象，主方法 Main 的内容如下：

```
    static void Main(string[] args)
    {
        FileReadWrite frw=new FileReadWrite();
        Console.WriteLine("写入文件信息，以 0 作为结束输入：");
        frw.WriteData();

        Console.WriteLine("读取文件信息：");
        frw.ReadData();

        Console.ReadLine();
    }
```

（4）编译和执行程序，选择“调试”→“启动调试”选项来执行此应用程序。

运行结果如图 7.2 所示。

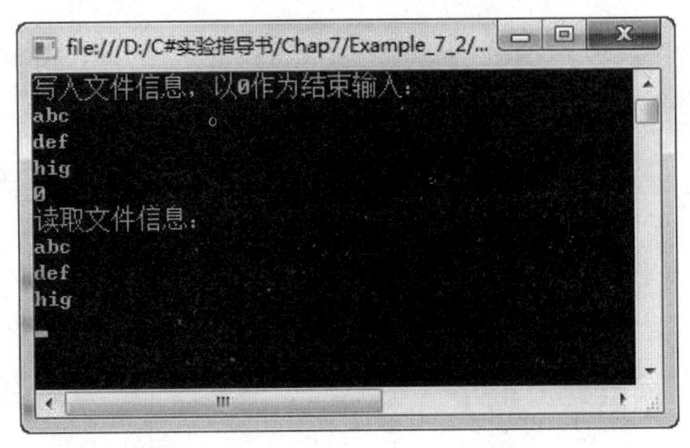

图 7.2

第二部分　课堂练习

问题提出：

导入“1.txt”文件的信息，输入查询和替换信息，并更新原始文件和显示替换后的文件信息。

请教师检查学生的进度及代码规范性。

任务 3　二进制文件的读写

第一部分　教师指导

1. 问题提出

将目录下的图片“01.bmp”读取为二进制流后再写入文件“01-1.bmp”中。

2. 问题分析

通常用 StreamWriter 和 StreamReader 类在字符串级别上操作文件，但有的时候还是需要在字节级上操作文件，却又不是一个字节一个字节的操作，通常是 2 个、4 个或 8 个字节这样操作。使用 BinaryWriter 和 BinaryReader 类，可以将一个字符或数字按指定个数的字节写入，也可以一次读取指定个数字节转为字符或数字。使用 ReadByte 方法读取一字节，使用 ReadBytes 方法返回读取的字节数组。

在数据库的操作中常将图片以二进制流的方式读写，这样执行效率更高。

3. 完成步骤

（1）为解决方案创建一个名为“Example_7_3”的控制台应用程序

打开 Visual Studio 2010 应用程序，选择“文件”→“新建”→“项目”选项，左侧模板语言选择“Visual C#”，右侧选择“控制台应用程序”，在“名称”中填写“Example_7_3”，单击“位置”后的“浏览”按钮，选择存放的路径为“D:\C#实验指导书\Chap7”，单击“确定”按钮。

（2）在主方法 Main 中编写如下程序代码：

```
static void Main(string[] args)
{
```

```
        FileStream fsreadpic=new FileStream("01.bmp", FileMode.Open, FileAccess.Read);
        BinaryReader br=new BinaryReader(fsreadpic);


        long len=fsreadpic.Length;
        int filelen=Convert.ToInt32(len);

        byte[] b=br.ReadBytes((int)len);

        string strData=Convert.ToBase64String(b);

        br.Close();
        fsreadpic.Close();

        FileStream fswritepic=new FileStream("01-1.bmp", FileMode.Create, FileAccess.Write);
        BinaryWriter bw=new BinaryWriter(fswritepic);

        bw.Write(Convert.FromBase64String(strData));

        bw.Close();
        fswritepic.Close();

        Console.ReadLine();
    }
```

（3）编译和执行程序，选择“调试”→“启动调试”选项来执行此应用程序。

运行结果如图 7.3 所示。

图 7.3

第二部分　课堂练习

问题提出：

通过创建一个 PhoneBook 类，并以二进制流读写文件“testphone.txt”，实现对电话簿里的姓名、年龄、电话号码、地址等信息的显示、添加和删除。选项目录如图 7.4 所示。

提示：PhoneBook 类有 name（姓名）、age（年龄）、phone（电话号码）、address（地址）成员字段，以及构造函数（传入和读写文件名字），成员函数 Open 方法（显示选项目录）、List 方法（显示所有信息）、AddNew 方法（添加信息）、Erase 方法（删除文件信息）。

图 7.4

请教师检查学生的进度及代码规范性。

任务 4　Windows 文件系统

第一部分　教师指导

1. 问题提出

将源文件夹“D:\Source”中的文件复制到目标文件夹“D:\Target”中。

2. 问题分析

DirectoryInfo 类的 Exists 属性返回值可判断目标文件夹是否存在，在程序中需要对此进行判断，否则出错。

FileInfo 类的 CopyTo 方法可实现复制文件的作用，需要指点目标文件夹路径位置和复制文件的名字，Path 类的 Combine 方法可将路径和文件名连接。

3. 完成步骤

（1）为解决方案创建一个名为“Example_7_4”的控制台应用程序。

打开 Visual Studio 2010 应用程序，选择“文件”→“新建”→“项目”选项，左侧模板语言选择“Visual C#”，右侧选择“控制台应用程序”，在“名称”中填写“Example_7_4”，单击“位置”后的“浏览”按钮，选择存放的路径为“D:\C#实验指导书\Chap7”，单击“确定”按钮。

（2）在主方法 Main 中编写如下程序代码：

```
static void Main(string[] args)
{
    string so=@"D:\Source";
```

```
        string ta=@"D:\Target";

        DirectoryInfo source=new DirectoryInfo(so);
        DirectoryInfo target=new DirectoryInfo(ta);

        // 检查目标文件夹是否存在，若不存在则创建
        if(target.Exists==false)
            target.Create();

        //复制所有文件
        FileInfo[] files=source.GetFiles();
        foreach(FileInfo fi in files)
        {
            fi.CopyTo(Path.Combine(ta,fi.Name));
        }

        Console.ReadLine();
    }
```

（3）编译和执行程序，选择“调试”→“启动调试”选项来执行此应用程序。运行结果如图 7.5 所示。

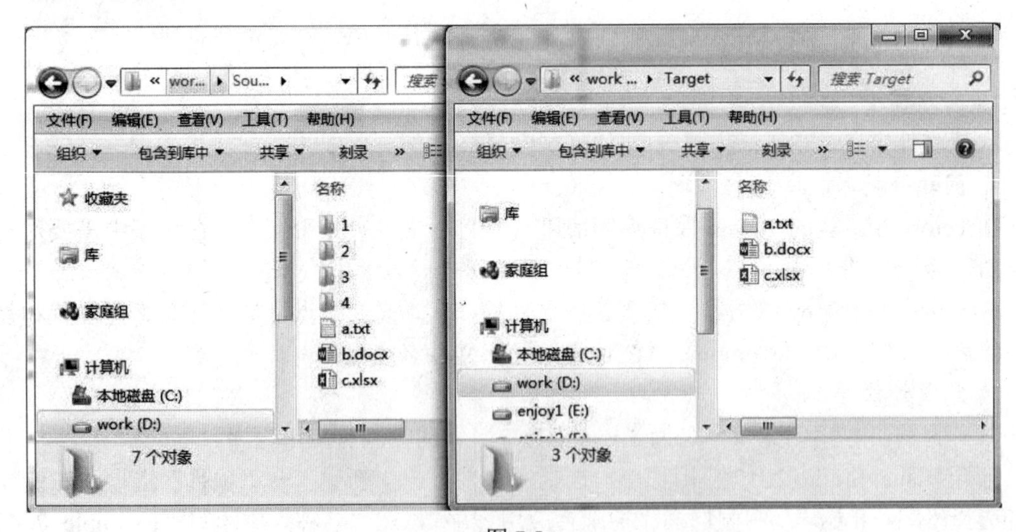

图 7.5

第二部分 课堂练习

问题提出：

将源文件夹“D:\Source”中的所有文件和文件夹复制到目标文件夹“D:\Target”中。运行结果如图 7.6 所示。

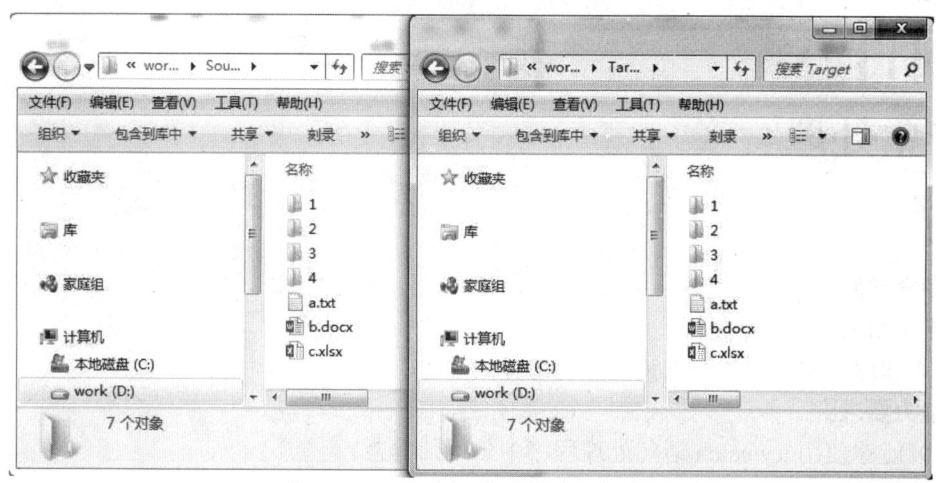

图 7.6

提示：复制文件夹时其子目录的文件和文件夹也要一同复制。可采用递归调用的方法实现。

请教师检查学生的进度及代码规范性。

任务 5　拓展练习

1. 案例 7.1

问题提出：

导入“areaCode_raw.txt”文件中的身份证区域信息，输入查询的身份证号码，显示其对应的省会区域，并将身份证号码和对应的区域信息导出到“out.txt”文件中。定义一个类 FileReadWrite，以及成员函数 ReadData（读取“areaCode_raw.txt”文件中数据信息并将其显示在控制台）和 WriteData（将查询的身份证号码和区域信息写入“out.txt”）。

2. 案例 7.2

问题提出：

将“gcd.txt”文件按照输入指定的大小[1，2，3……（MB）]进行分割，并以“0001，0002……”加后缀名的方式保存在指定目录“D:\Target”中。运行结果如图 7.7 所示。

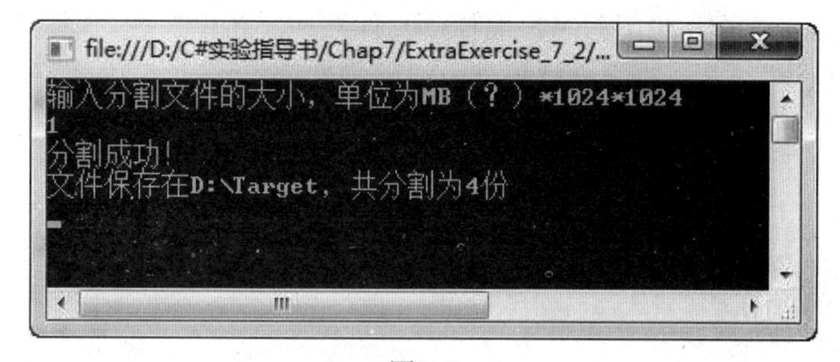

图 7.7

项目八

异常处理

［参考学时］4

［学习目的］

认识和理解程序中的常见错误并能进行处理。

［能力要求］

（1）能够使用 try/catch 语句处理程序中出现的异常；

（2）能够利用 throw 语句抛出异常，以便于外围程序处理异常情况；

（3）能够使用 finally 语句确保程序中的某些代码最后总能被执行。

任务 1　使用 try/catch 语句处理异常

第一部分　教师指导

1. 问题提出

为了检验各班级学生的学习情况，对学生每学期的每门课需要计算平均成绩。从键盘上输入 n 个正整数，求其平均值。当用户输入的学生人数（n 值）是非正整数或者太大时，要求给出相应的提示信息。

2. 问题分析

根据题目要求，定义一个方法 Aveg，用来计算 n 个正整数的平均值。一开始应该提示用户输入 n，并调用 Aveg 方法计算平均值。

如果数据类型出错，则处理该类异常。

如果 n 为 0，则处理 0 作为除数的异常。

3. 完成步骤

（1）为解决方案创建一个名为“Example_8_1”的控制台应用程序。

打开 Visual Studio 2010 应用程序，选择“文件”→“新建”→“项目”选项，左侧模板语言选择“Visual C#”，右侧选择“控制台应用程序”，在“名称”中填写“Example_8_1”，单击“位置”后的“浏览”按钮，选择存放的路径为“D:\C#实验指导书\Chap8”，单击“确定”按钮。

（2）在类 Program 中添加一个方法 Aveg，用于计算平均值，方法 Aveg 的内容如下：

```
static public float Aveg(int[] a)//求数组 a 中 n 个数的平均值
    {
        float sum=0;
        for(int i=0; i<a.Length; i++)
        {
```

```
            sum=sum+a[i];
        }
        return (sum/a.Length );
    }
```

（3）在主方法 Main 中添加如下代码，求出 n 个正整数的平均值并输出计算结果：

```
static void Main(string[] args)
    {
        int n;
        try
        {
            Console.WriteLine("求 n 个正整数的平均值");
            Console.Write("请输入 n 的值：");
            n=int.Parse(Console.ReadLine());//进行数据类型转换
            int[] a=new int[n];
            for(int i=0; i <n; i++)
            {
                Console.Write("请输入第{0}个数：", i + 1);
                a[i]=int.Parse(Console.ReadLine());
            }
            Console.WriteLine("{0}个数的平均值是：{1}", n, Aveg(a));//调用方法计算结果
        }
        catch(FormatException e1)   //处理格式类型异常
        {
            Console.WriteLine("异常："+e1.Message );
        }
        catch(OverflowException e2)//处理数值超界类型的异常
        {
            Console.WriteLine("异常：" + e2.Message);
        }
        Console.ReadLine();
    }
```

（4）编译和执行程序，选择“调试”→“启动调试”选项来执行此应用程序。

当输入 n 值为非数值时，程序的运行结果如图 8.1 所示。

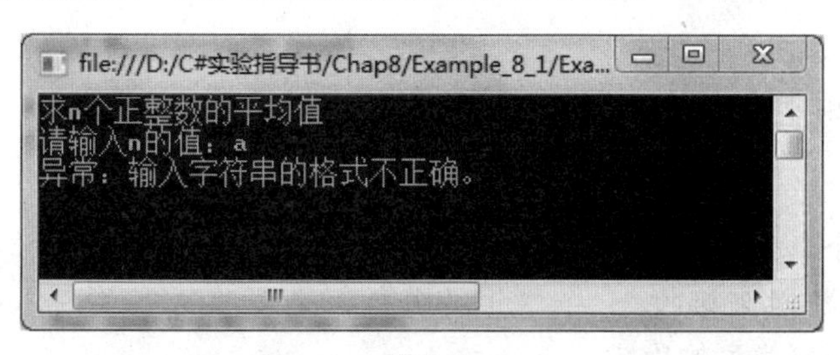

图 8.1

当输入的某个值太大时，程序的运行结果如图 8.2 所示。

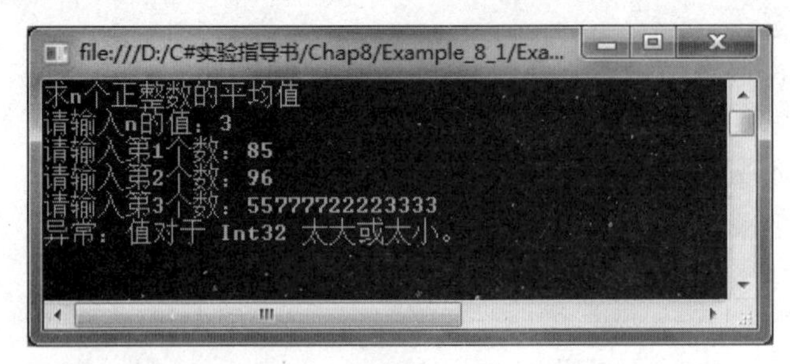

图 8.2

当输入恰当的值时，程序的运行结果如图 8.3 所示。

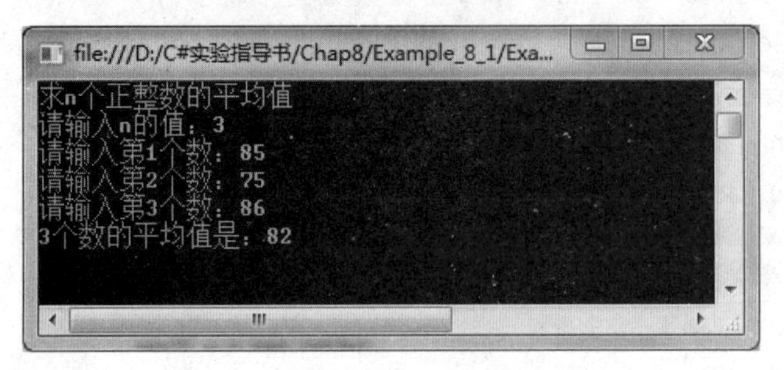

图 8.3

第二部分　课堂练习

问题提出：

设计一个能完成加、减、乘、除运算的简单计算器，要求对程序中的所有异常作统一处理。

提示：

（1）定义 4 个方法，分别完成两个数的加、减、乘、除运算。

（2）在主方法 Main 的 try 语句块中调用上述方法来完成计算器功能。

（3）执行 try 语句块中的代码所出现的所有异常，由 catch 语句块统一处理。

（4）将计算的结果或捕捉的异常信息输出。

请教师检查学生的进度及代码规范性。

任务 2　使用 throw 抛出异常

第一部分　教师指导

1. 问题提出

从键盘输入 n 个学生的分数，并输出分数的平均值。要求定义一个求平均数的方法，该方法通过一个整数数组来接收 n 个学生的分数，若学生人数为 0，则要人为抛出一个 DivideByZeroException 类型的异常。

2. 问题分析

根据题目要求，定义一个计算 n 个正整数的平均值的方法 Aveg，该方法通过整型数组参数来接收传递过来的学生分数。

如果方法 Aveg 的参数的长度是 0，则人为抛出 DivideByZeroException 异常，否则，返回分数的平均值。

通过 catch 语句来捕获人为抛出的异常。

3. 完成步骤

（1）为解决方案创建一个名为“Example_8_2”的控制台应用程序。

打开 Visual Studio 2010 应用程序，选择“文件”→“新建”→“项目”选项，左侧模板语言选择“Visual C#”，右侧选择“控制台应用程序”，在“名称”中填写“Example_8_2”，单击“位置”后的“浏览”按钮，选择存放的路径为“D:\C#实验指导书\Chap8”，单击“确定”按钮。

（2）在类 Program 中添加一个方法 Aveg，用于计算平均值，方法 Aveg 的内容如下：

```
static public float Aveg(int[] scores)//求数组 scores 中数的平均值
{
    float sum=0;
    foreach (int i in scores)
    {
        sum=sum+i;
    }
    if(scores.Length==0)
        throw new DivideByZeroException ();//人为抛出异常
    else
    return(sum/scores.Length    );
}
```

（3）在主方法 **Main** 中添加如下代码，求出 n 个学生的平均值并输出计算结果：

```
static void Main(string[] args)
{
    Console.Write("请输入学生的人数：");
    try
    {
        int persons=Convert.ToInt32(Console.ReadLine());//进行数据类型转换
        int[] scores=new int[persons];
        for(int i=0; i<persons; i++)
        {
            Console.Write("第{0}个学生的分数是：", i+1);
            scores[i]=Convert.ToInt32(Console.ReadLine());
        }
        Console.WriteLine("{0}个数的平均值是：{1}", persons, Aveg(scores));
```

```
            //调用方法计算结果
        }
        catch (DivideByZeroException    )  //捕获人为抛出的异常
        {
            Console.WriteLine("人数不能为 0!! ");
        }
        catch (Exception e1)//捕获其他异常
        {
            Console.WriteLine("出错：" + e1.Message);
        }
        Console.ReadLine();
    }
```

（4）编译和执行程序，选择“调试”→“启动调试”选项来执行此应用程序。当输入 n 值为 0 时，程序的运行结果如图 8.4 所示。

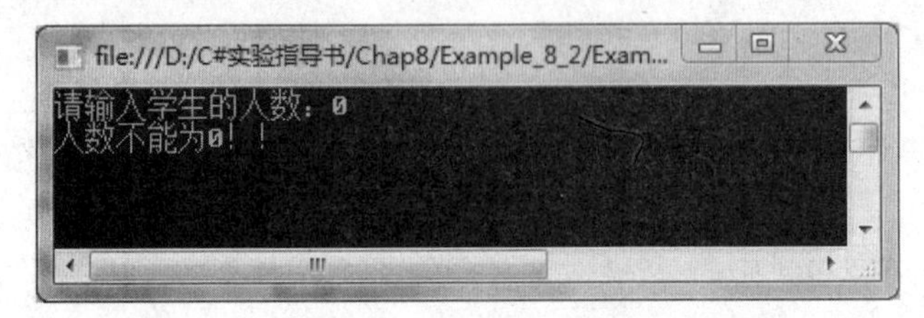

图 8.4

当输入的某个分数是非数值型数据时，程序的运行结果如图 8.5 所示。

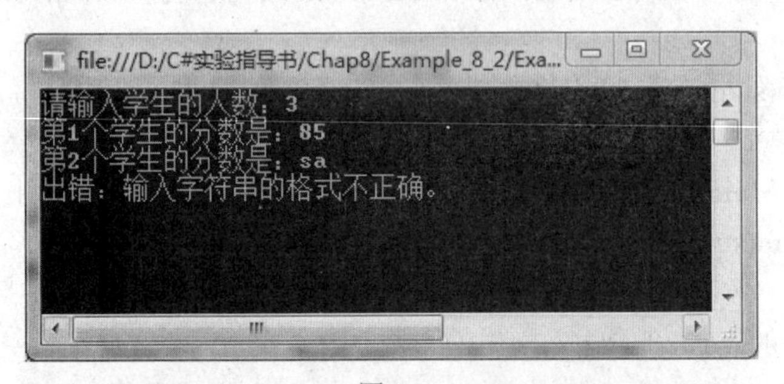

图 8.5

当输入恰当的值时，程序的运行结果如图 8.6 所示。

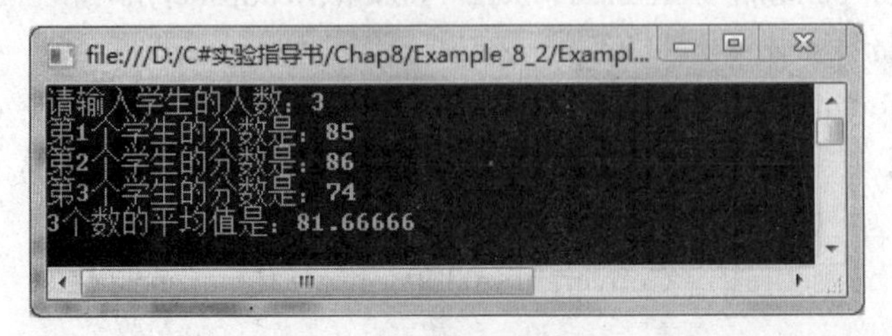

图 8.6

第二部分 课堂练习

问题提出：

定义一个身份证类IdCard，通过该类来验证18位身份证号码的有效性和判断主人的性别（说明：假定身份证号码的18位都是由数字组成，最后一位数字用来判定主人的性别，第18位是奇数表示男性，为偶数表示女性）。要求在IdCard中添加一个方法ValidateIdCard，来验证号码的有效性，如果输入的值不符合要求，则人为抛出一个异常ValueIsError，否则显示主人的性别。

请教师检查学生的进度及代码规范性。

任务3 使用finally执行最后的操作

第一部分 教师指导

1. 问题提出

设计一个程序来计算某学生某一学期所有课程的成绩总和，用数组来存放学生某一学期每门课程的成绩，因为每个学期的课程数目可能不一样，所以存放学生成绩的数组的长度也由用户输入，要求加入try-catch-finally异常处理机制。

2. 问题分析

对于try-catch-finally异常处理而言，一个try语句块可以对应多个catch语句块，但最多只能有一个finally语句块。

本任务中有数组出现，所以catch语句块考虑到数组越界的异常处理，另外，由于所有的数据都是由用户在运行时输入，所以catch语句块还要考虑到用户输入的数据类型的异常处理。

3. 完成步骤

（1）为解决方案创建一个名为“Example_8_3”的控制台应用程序

打开Visual Studio 2010应用程序，选择“文件”→“新建”→“项目”选项，左侧模板语言选择“Visual C#”，右侧选择“控制台应用程序”，在“名称”中填写“Example_8_3”，单击“位置”后的“浏览”按钮，选择存放的路径为“D:\C#实验指导书\Chap8”，单击“确定”按钮。

（2）在主方法Main中添加如下代码，计算某学生某一学期所有课程的成绩总和并输出结果：

```
static void Main(string[] args)
        {
            double sum=0;
            try
             {
                Console.Write("请输入功课的门数：");
                int n=int.Parse(Console.ReadLine());
```

```
            double[] a=new double[n];
            for(int i=0;i<n;i++)
            {
                Console.Write("请输入第{0}门课的成绩：",i+1);
                a[i]=double.Parse(Console.ReadLine());
            }
              for(int i=0; i<=n; ++i)
            {
                  sum+=a[i];
             }
            Console.WriteLine("try 中的:sum = {0}", sum);       //这条语句没有执行
            //如果try语句块中出现了异常,则程序终止try语句块的语句,进入catch
语句块, 所以此处没有进行输出.
        }
         catch(ArgumentOutOfRangeException argu)
        {
            Console.WriteLine(argu.Message);
        }
         catch (Exception e)
        {
            Console.WriteLine(e.Message);
         }
         finally
         {
            Console.WriteLine("finally 中的:sum = {0}", sum);
        }
        Console.ReadLine();
    }
```

（3）编译和执行程序，选择“调试”→“启动调试”选项来执行此应用程序。

当输入 n 值为非数值型数据时，程序的运行结果如图 8.7 所示。

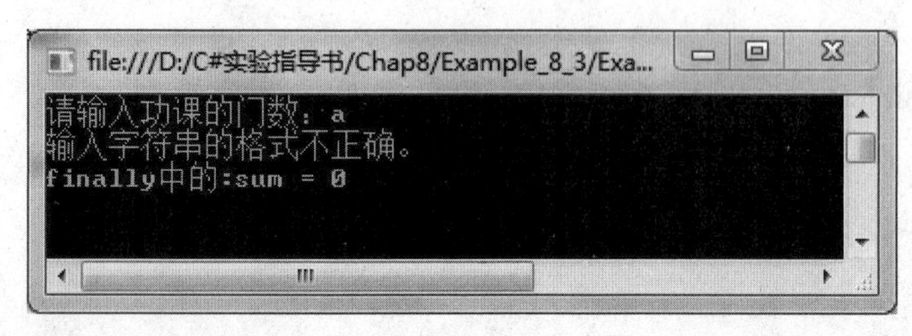

图 8.7

当输入恰当的值，来检验 finally 语句块的执行情况时，程序的运行结果如果 8.8 所示。

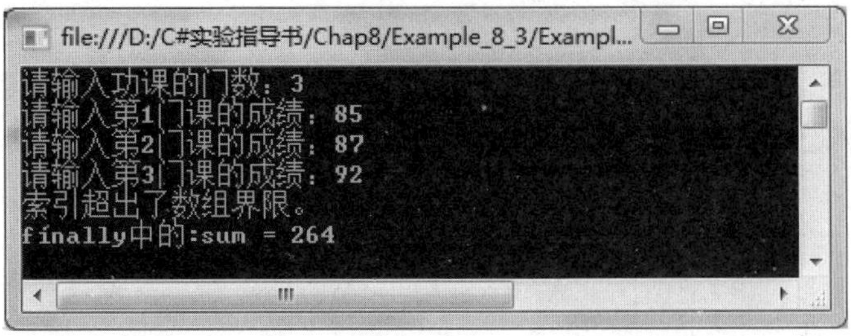

```
file:///D:/C#实验指导书/Chap8/Example_8_3/Exampl...
请输入功课的门数：3
请输入第1门课的成绩：85
请输入第2门课的成绩：87
请输入第3门课的成绩：92
索引超出了数组界限。
finally中的:sum = 264
```

图 8.8

修改 Main 函数中的求和的循环语句如下：

```
for (int i=0; i<n; ++i)
    {
        sum+=a[i];
    }
```

当输入恰当的值，来检验 finally 语句块的执行情况时，程序的运行结果如图 8.9 所示。

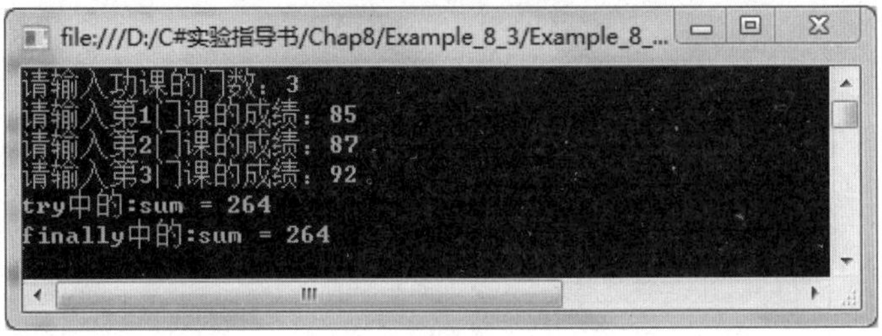

```
file:///D:/C#实验指导书/Chap8/Example_8_3/Example_8_...
请输入功课的门数：3
请输入第1门课的成绩：85
请输入第2门课的成绩：87
请输入第3门课的成绩：92
try中的:sum = 264
finally中的:sum = 264
```

图 8.9

第二部分　课堂练习

问题提出：

要求学生设计一个小程序，用来计算用户输入的一个正整数的阶乘。

提示：

（1）对用户输入的正整数需要进行格式的判定。

（2）涉及阶乘时，特别要注意结果是否会溢出。

请教师检查学生的进度及代码规范性。

任务 4　拓展练习

1. 案例 8.1：学生信息管理系统的信息录入功能

问题提出：

在学生信息管理系统中，任何一个学生对象都具有姓名、性别、年龄、家庭地址等基本信息，新生的这些基本信息都需要人为录入系统，为了避免人为录入时的一些错误操作，需要对录入数据的操作加入异常处理，比如学生的性别只能是“男”或者“女”，学生的年龄只能是 16～21 岁。

提示：

（1）由于涉及用户的输入，所以输入的数据的格式的判定需要用到系统的异常。

（2）学生的性别及年龄范围可以考虑用 throw 抛出用户自定义异常，然后再捕捉这些异常。

2. 案例 8.2：银行财务系统之存款利率计算功能

问题提出：

某人去银行新开一个账户，输入开始存入的金额（即本金）、年利率以及存款周期（年）。假定所有利息收入都重新存入账户，请编写程序，计算并输出在存款周期中每年年终的账面金额。金额的计算公式为：

$$a=p\times(1+r)^n$$

其中，p 是本金；r 是年利率；n 是年数；a 是在第 n 年年终的复利存款。

项目九（综合项目 A）

猜数字游戏

情景故事

初步学习完 C#语言后，小蒋对 C#语言的兴趣越来越浓，他迫不及待地想用 C#语言开发属于自己的游戏。一天，小蒋在电视上看到一个有趣的娱乐游戏——猜数字游戏。游戏规则是：主持人先随意确定一个 1～100 的数，玩家轮流猜，每猜一个数，提示数的范围就缩小，直到有玩家猜中，游戏则结束，最后猜中的玩家就要接受大惩罚。小蒋对这个游戏很感兴趣，心想："既然决定用 C#语言开发游戏，何不拿这个游戏来试一下，况且以后也能在班上展示一下，和同学们一起玩。"想到这里，小蒋就下定了决心，开始边学习边开发猜数字游戏。

项目说明

本项目用 C#语言模拟实现某游戏节目的猜数字游戏。在游戏中先随机生成一个待猜数字，范围为 1～100，然后玩家输入猜测数字，程序将判断该数字是否与待猜数字相同，若相同则提示"猜中了"，若不同则提示新的数字范围，逐渐缩小数字范围，最后帮助玩家猜到数字。本游戏适合一群玩家轮流猜数，对不幸猜中的玩家可适当给予惩罚，起到娱乐的效果，如图 9.1 所示。

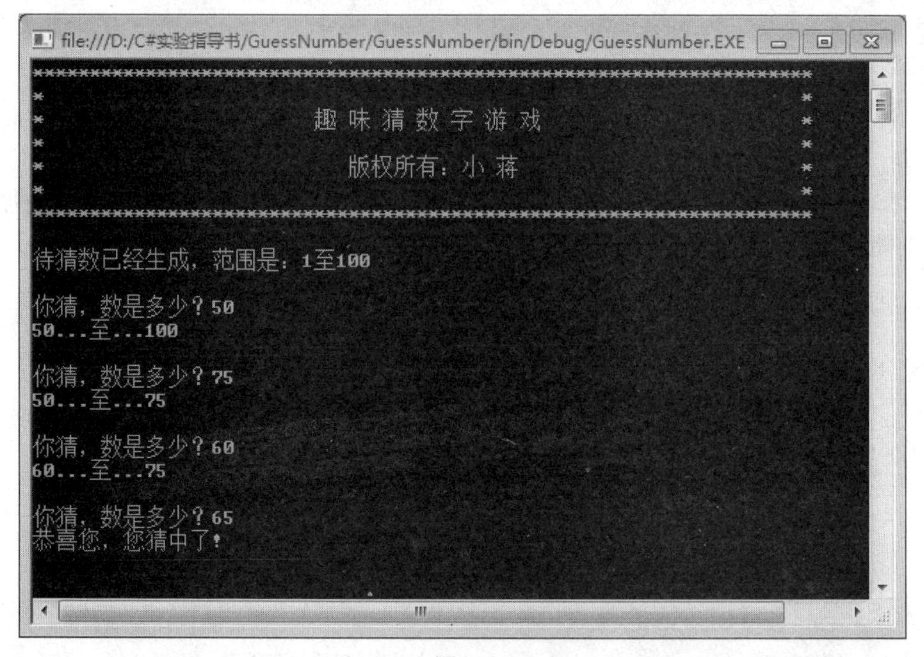

图 9.1

能力目标

（1）学会在控制台应用程序中实现基本的输入/输出；

（2）学会如何声明与初始化变量，并掌握类型之间的转换；

（3）学会加、减、乘、除四则运算符的使用，能编写简单的关系表达式；

（4）学会 if 选择语句的三种分支结构，能根据需要使用 if 选择语句；

（5）学会标签与 goto 跳转语句的结合使用，能利用它们控制程序流程。

任务 1　游戏前准备

任务目标

在猜数字游戏开始之前需要做许多准备工作，例如建立项目、绘制游戏界面和生成待猜数等，本任务将完成这些工作。

通过完成本任务，读者将掌握 C#语言的基本输出，理解 C#语言的类型、变量与常量的概念，掌握变量的声明与初始化，以及各种运算符和选择结构等，并学会如何在控制台应用程序中绘制界面，能根据需要声明变量，并对它们进行初始化。

任务分析

（1）本程序是控制台应用程序，因此，游戏界面需要使用基本输出命令绘制出来。

（2）分析猜数字游戏的规则流程需要以下五个变量：

① 需要一个变量用于保存待猜数字，将其命名为 guess。

② 需要两个变量用于保存当前数字范围，将其命名为 min 和 max。

③ 需要一个变量用于保存玩家输入的猜测数字，将其命名为 input。

④ 由于控制台输入的是字符串，因此需要一个字符串变量来接收玩家的输入，将其命名为 tmp。

⑤ 本项目需要产生一个随机的待猜数字，范围为 1～100，C#语言为开发人员提供了一个强大的随机类 Random，使用该类定义一个随机对象，将其命名为 r。

实施步骤

步骤 1： 启动 Microsoft Visual C# 2010，新建一个项目，如图 9.2 所示。

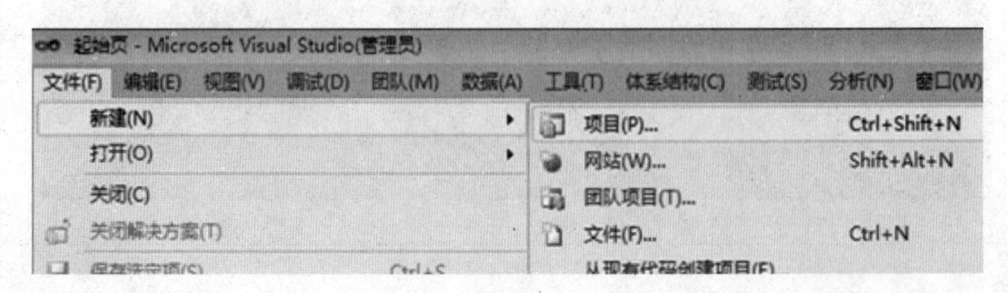

图 9.2

步骤 2：打开“新建项目”对话框，在模板中选择“控制台应用程序”，输入项目名称“GuessNumber”，选择项目存放的路径，最后单击“确定”按钮即可完成新建项目，操作步骤如图 9.3 所示。

图 9.3

步骤 3：打开“Program.cs”文件，在 Main 函数中编写相应变量声明代码，“Program.cs”文件的参考代码如下：

```
using System;
using System.Collections.Generic;
using System.Linq;
using System.Text;

namespace GuessNumber
{
    class Program
    {
        static void Main(string[] args)
        {                                          ①
            // 声明变量
            int guess;            // 待猜数
```

```
            int min;                // 范围最小值
            int max;                // 范围最大值
            int input;              // 保存玩家输入值
            string tmp;             // 保存玩家输入字符串        ②
            Random r = new Random();      // 随机对象，用于产生随机数    ③
        }
    }
}
```

代码解释：

① 本语句声明了一个变量，类型为 int（整型），只能保存整数，变量名为 guess，用于保存待猜数。

② 本语句声明了变量 tmp，用于保存玩家从控制台输入的数字，类型为 string（字符串），只能保存字符的有序集合，即文本。

③ 本项目将随机产生一个待猜数，那么就需要使用 C#语言所提供的强大的随机类 Random。本语句使用随机类 Random 声明一个随机对象 r，并使用 new 对它进行初始化。

步骤 4：绘制游戏主界面，在步骤 3 的变量声明代码后面加入以下代码：

```
// 绘制游戏主界面

Console.WriteLine("**********************************************************");
Console.WriteLine("*                                                        *");
Console.WriteLine("*                    趣 味 猜 数 字 游 戏                    *");
Console.WriteLine("*                                                        *");
Console.WriteLine("*                        版权所有：小蒋                      *");
Console.WriteLine("*                                                        *");
Console.WriteLine("**********************************************************");
Console.WriteLine();
```

代码解释：

控制台应用程序没有可视化的特点，所有程序界面都需要使用基本输出命令来实现。例如以上程序，使用基本输出命令 WriteLine 输出一些字符和文字，以使游戏主界面整洁、美观。

注意：如果 WriteLine 方法的括号中没有输出内容，那么它只起到换行的作用。

步骤 5：对所声明的变量进行初始化，在步骤 4 的主界面代码后面加入以下代码：

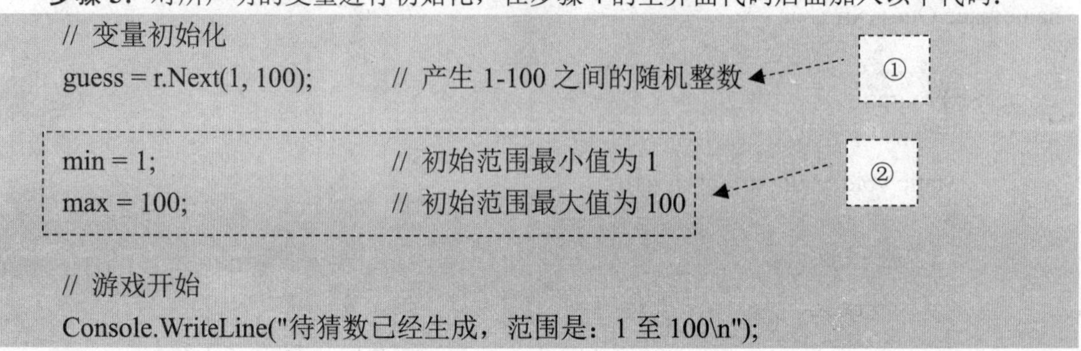

```
// 变量初始化
guess = r.Next(1, 100);          // 产生 1-100 之间的随机整数      ①

min = 1;                         // 初始范围最小值为 1
max = 100;                       // 初始范围最大值为 100         ②

// 游戏开始
Console.WriteLine("待猜数已经生成，范围是：1 至 100\n");
```

代码解释：

① 本语句调用随机对象 r 的 Next 方法，产生一个随机整数，整数范围为 1～100，然后将所产生的随机整数赋值给 guess 变量。

② 本语句为 min 和 max 变量赋值，初始化猜数的范围，由于随机产生的数在 1 到 100 之间，所以初始范围最小值为 1，最大值为 100。

步骤 6：单击标准工具栏中的按钮，或者按组合键“Ctrl+Shift+S”，或者单击“文件”菜单中的“全部保存”命令（图 9.4），对项目进行保存。

步骤 7：单击标准工具栏中的按钮，或者按 F5 键，或者单击“调试”菜单中的“启动调试”命令（图 9.5）即可运行程序。

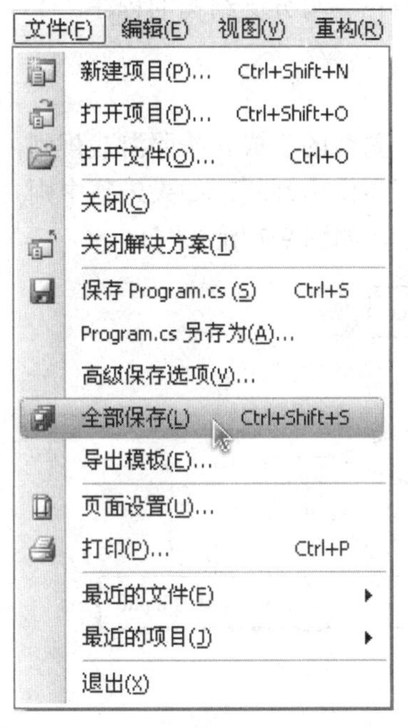

图 9.4

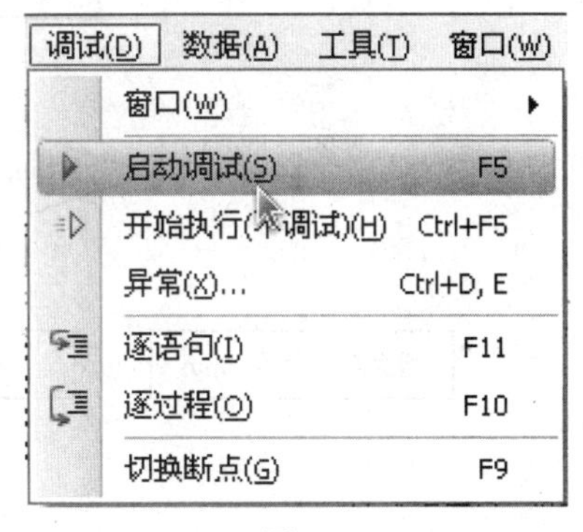

图 9.5

运行的结果图如图 9.6 所示。

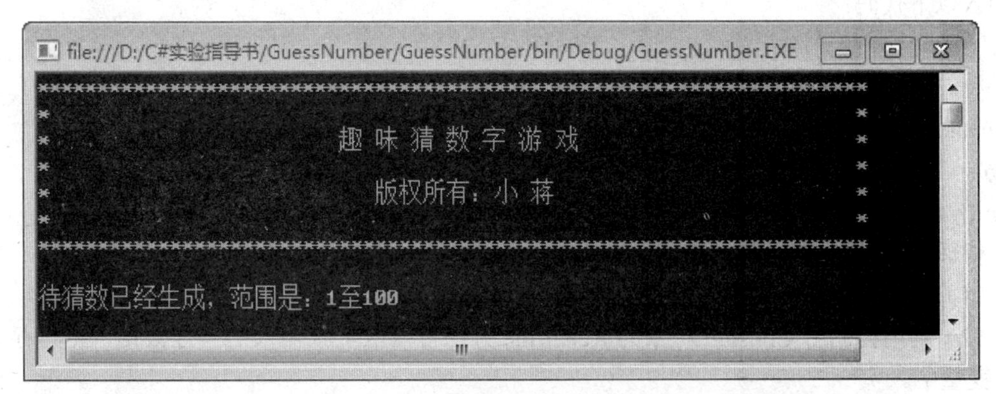

图 9.6

任务2　编写游戏主干程序

任务目标

本任务完成猜数字游戏主干程序的编写，包括玩家输入猜数、判断玩家是否猜中和待猜数范围缩小的操作。

通过完成本任务，读者将掌握 C#语言的基本输入、带占位符基本输出、C#语言类型转换、关系运算符和 if 选择语句，学会如何接收用户的输入信息，能在不同类型之间进行转换，并且能利用运算符编写简单的表达式和利用 if 选择语句编写分支结构的程序。

任务分析

任务 1 已经完成游戏前的准备，包括主界面、待猜数的生成。按照游戏规则，接下来，游戏将进入玩家猜数阶段。玩家输入猜数后，游戏程序作出判断，如果未猜中则必须根据所猜数缩小待猜数范围，引导玩家猜中，否则提示猜中，如图 9.7 所示。

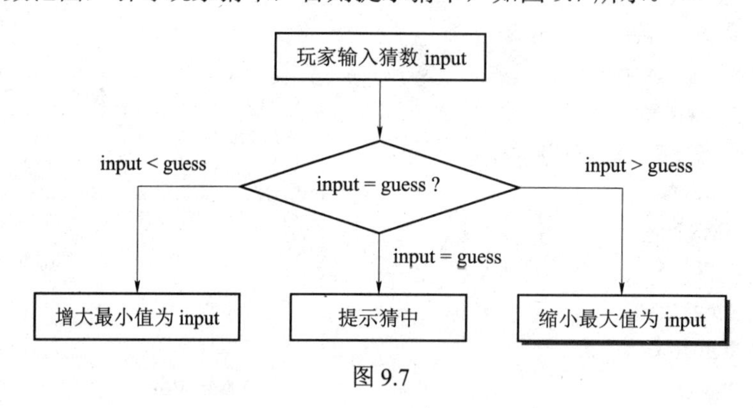

图 9.7

实施步骤

步骤 1：提供输入界面，让玩家输入猜数，打开“Program.cs”文件，在任务 1 的代码下面加入以下代码：

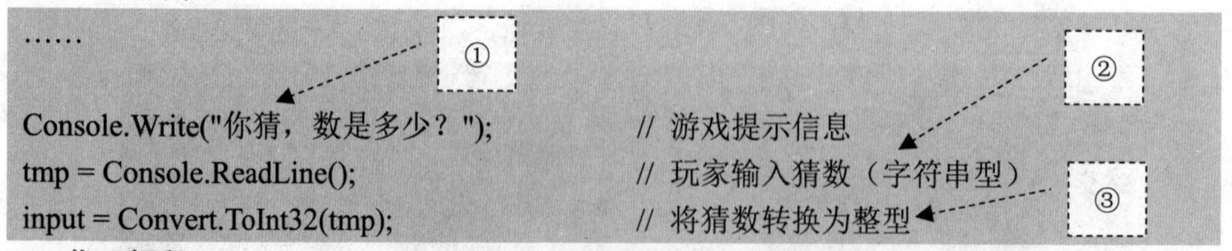

```
……
Console.Write("你猜，数是多少？");          // 游戏提示信息
tmp = Console.ReadLine();                    // 玩家输入猜数（字符串型）
input = Convert.ToInt32(tmp);                // 将猜数转换为整型
```


代码解释：

（1）游戏的友好性非常重要，在此输出游戏的提示信息，提示玩家输入猜数。

（2）利用控制台 Console 对象的 ReadLine 方法可读取玩家输入的一行数据，将它存放在 tmp 变量中。

（3）tmp 是字符串，而对猜数进行判断时必须使用整数类型，所以必须通过转换方法将

字符串转换成整数，而此代码正是实现了该功能。

注意：ReadLine 方法读取的是字符串，必须存放在字符串变量中。

运行结果如图 9.8 所示。

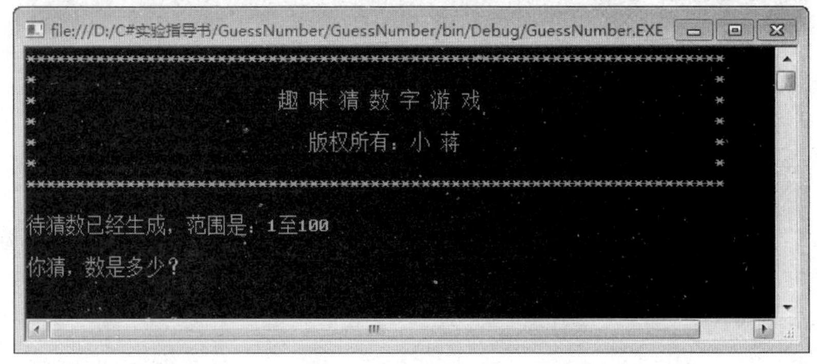

图 9.8

步骤 2：玩家输入猜数后，游戏必须判断玩家是否猜中，根据任务分析的流程，在此需要一套 if 选择语句来实现该规则。在步骤 1 的代码下面加入以下代码：

```
if (input > guess)  ◄------ ①                    // 如果玩家猜数较大
{
    max = input;                                  // 改变范围最大值为玩家猜数
    Console.WriteLine("{0}...至...{1}\n", min, max);     // 范围提示
}
else   if (input < guess)  ◄------ ②              // 如果玩家猜较小
{
    min = input;                     // 改变范围最小值为玩家猜数
    Console.WriteLine("{0}...至...{1}\n", min, max);     // 范围提示
}
else  ◄------ ③
{
    Console.Write("恭喜您，您猜中了!");   // input == guess，游戏提示猜中
}
Console.ReadKey();                                // 等待玩家按键退出游戏
```

代码解释：

① 本语句判断玩家输入的猜数 input 是否大于待猜数 guess（注意：条件放在括号中），如果大于则执行大括号中的两句代码，改变范围最大值为 input，提示待猜数新范围。

② 本语句判断玩家输入的猜数 input 是否小于待猜数 guess，如果小于则执行大括号中的两句代码，改变范围最小值为 input，提示待猜数新范围。本语句中的 else 是“否则”的意思，即在上面 if 语句条件不成立的情况下才判断本 else 语句的条件。

③ 本语句是除以上两种条件外的其他条件，即 input 等于 guess 的情况，此时提示玩家猜中了。

运行结果如图 9.9 所示。

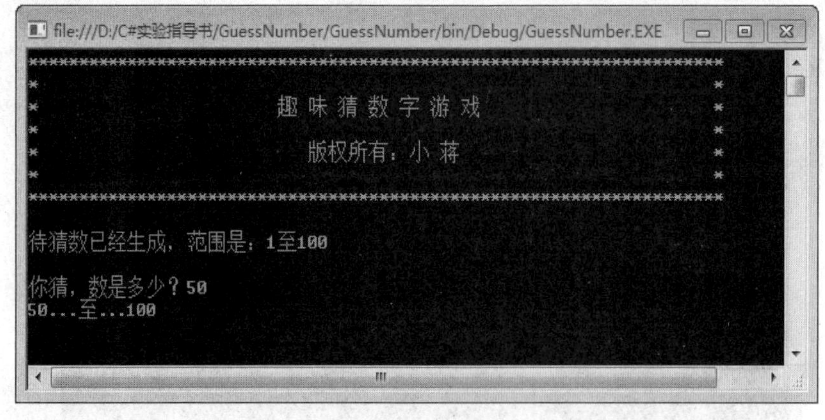

图 9.9

任务 3　游戏流程控制

任务目标

本任务完成游戏的整个流程控制，使玩家能一直输入猜数，直到猜中为止。

通过完成本任务，读者将掌握 C#语言标签的使用以及跳转语句 goto 的使用，学会结合标签与 goto 跳转语句控制程序的流程。

任务分析

任务 1 和任务 2 已经实现了玩家猜一次数，根据玩家输入的猜数作出判断的功能，那么如何控制玩家直到猜到结果才结束游戏呢？这是本任务的目的。总体思路是：当玩家输入猜数后，判断玩家是否猜中，若猜中则提示信息，然后结束游戏；若猜不中则继续让玩家输入猜数。程序流程如图 9.10 所示。

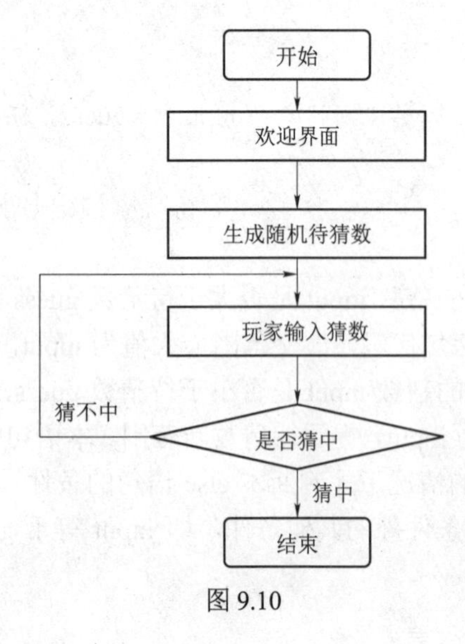

图 9.10

实施步骤

步骤 1：为了使玩家在猜不中时能跳转到猜数前继续输入猜数，打开“Program.cs”文件，按如下代码所示，添加标签和跳转语句：

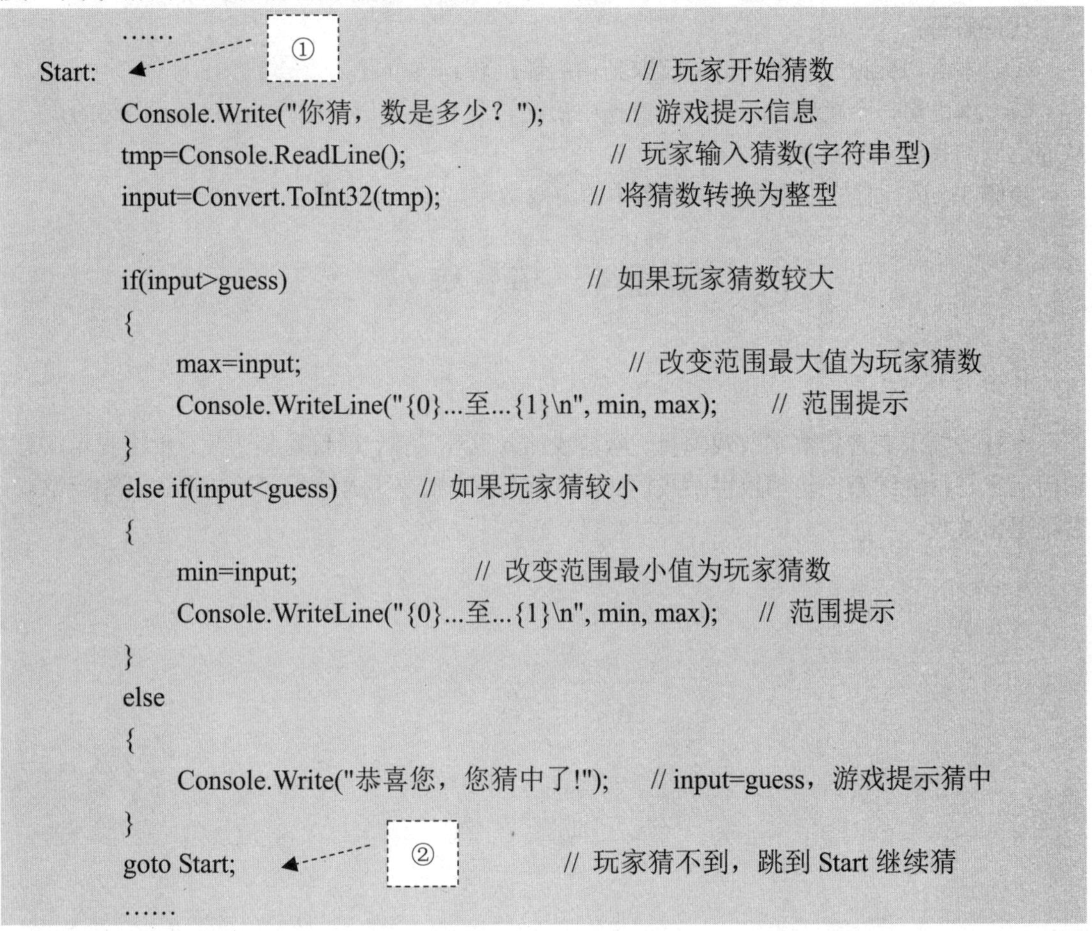

```
        ……
Start:   ◄------ ①                                    // 玩家开始猜数
        Console.Write("你猜，数是多少？");              // 游戏提示信息
        tmp=Console.ReadLine();                        // 玩家输入猜数(字符串型)
        input=Convert.ToInt32(tmp);                    // 将猜数转换为整型

        if(input>guess)                                // 如果玩家猜数较大
        {
            max=input;                                 // 改变范围最大值为玩家猜数
            Console.WriteLine("{0}...至...{1}\n", min, max);     // 范围提示
        }
        else if(input<guess)          // 如果玩家猜较小
        {
            min=input;                      // 改变范围最小值为玩家猜数
            Console.WriteLine("{0}...至...{1}\n", min, max);     // 范围提示
        }
        else
        {
            Console.Write("恭喜您，您猜中了!");      // input=guess，游戏提示猜中
        }
        goto Start;   ◄------ ②                   // 玩家猜不到，跳到 Start 继续猜
        ……
```

代码解释：

① 本语句是一个标签，用于标记程序中的某个位置，使其他地方的跳转语句能跳转到该位置。本语句的标签就是为了使玩家在猜不中时能跳转到该位置继续猜数。

② 本语句是一句跳转语句，直接跳转到语句①的位置，让玩家继续输入猜数。

小贴士：标签的名称最好有一定的含义，以方便程序阅读。

步骤 2：上面已经完成一个循环，玩家无论猜中与否都将跳转到 Start 标签，因此，需要为游戏添加一个出口，让玩家猜中后能退出游戏。修改代码如下：

```
        ……
        else
        {
          Console.Write("恭喜您，您猜中了!");      // input=guess，游戏提示猜中
            goto End;  ◄------ ②                  // 玩家猜到了，游戏结束，跳到 End
        }
```

```
        goto Start;                          // 玩家猜不到，跳到 Start 继续猜

    End:   ◄------------ ①                   // 玩家猜到了，游戏结束
        Console.ReadKey();                   // 等待玩家按键退出游戏
```

代码解释：

① 本语句标记一个出口，使玩家猜中后能跳转到该位置。

② 本语句一个跳转语句，当玩家猜中后跳转到 End 标记，避开 goto Start 语句的执行，从而达到结束游戏的目的。

步骤 3： 运行程序，得到项目说明中的游戏效果。

任务 4 拓展练习

任务目标

本任务要求完善猜数字游戏项目，给游戏加入循环操作，即玩家猜中后，给出提示信息，询问玩家是否继续新一轮猜数字游戏，如果选择“是”，则在不退出程序的情况下开始新游戏，否则退出游戏。

项目十（综合项目 B）

学生信息管理系统

情景故事

初步学习完 C#语言后，小蒋为了提高系统开发水平和应用效果，决定以自己熟悉的学生信息管理为例进行开发，另外为了便于后续系统功能的组合、扩充和维护，他尝试采用模块化程序设计的方法。

项目说明

本项目用 C#语言模拟实现学生信息的管理，能够实现以下基本功能：

（1）学生信息添加功能：根据学生类的属性给出提示信息，用户添加某个学生信息后，会提示是否保存，如果选择保存，则按照指定格式写入指定文件，否则不写入文件。写入数据时对重复数据进行判断，以避免相同信息的重复添加。

（2）学生信息浏览查询功能：显示文件中存储的所有学生信息，同时，可以根据学生的相关属性以升序或降序的形式显示数据。查询功能相当强大，按照学号查询，可以查找特定的学生；按照姓名查询，可以查找该姓名的所有学生；按照班级查询，可以查找该班级的所有学生。若输入的查询条件无对应数据，系统会给出相应的提示信息。

（3）学生信息修改功能：对存储在文件中的数据进行修改。系统能够通过用户的条件查找出所要修改的信息，然后对修改后的信息进行保存，写入数据时同样对重复数据进行判断。若输入的查询条件无对应数据，系统会给出相应的提示信息。

（4）学生信息删除功能：对存储在文件中的数据进行删除。系统能够通过用户的条件查找所要删除的信息，并进行删除。若输入的查询条件无对应数据，系统会给出相应的提示信息。

能力目标

（1）学会在控制台应用程序中实现基本的输入/输出。

（2）学会如何声明与初始化变量，并掌握类型之间的转换。

（3）学会三种程序基本结构的结合使用，能利用它们控制程序流程。

（4）学会如何创建类及创建类的无参构造函数和有参构造函数。

（5）学会如何创建方法，并实现方法的调用。

（6）学会使用异常处理，使系统根据用户的不同操作执行而不中断。

（7）学会在控制台应用程序中实现文件的创建、读出、写入等操作。

任务1　设计主程序界面

任务目标

在学生信息管理系统开始之前需要做许多准备工作，例如建立项目、绘制系统主界面等，本任务将完成这些工作。

通过完成本任务，读者将掌握 C#语言的基本输出，理解 C#语言的类型、变量与常量的概念，掌握变量的声明与初始化，以及各种运算符和选择结构等，并学会如何在控制台应用程序中绘制界面，能根据需要声明变量，并对它们进行初始化。

任务分析

（1）本程序是控制台应用程序，可以模仿窗体型应用程序来设计一个系统加载中的欢迎使用界面，另外，程序主界面需要使用基本输出命令绘制。

（2）分析系统加载这个过程，其需要使用线程来实现。

实施步骤

步骤 1：启动 Microsoft Visual C# 2010，新建一个项目，如图 10.1 所示。

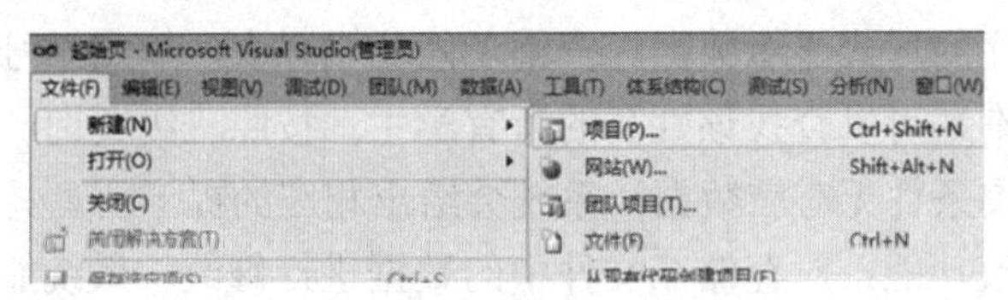

图 10.1

步骤 2：打开“新建项目”对话框，在模板中选择“控制台应用程序”，输入项目名称“StudentsSystem”，选择项目存放的路径，最后单击“确定”按钮即可完成新建项目。操作步骤如图 10.2 所示。

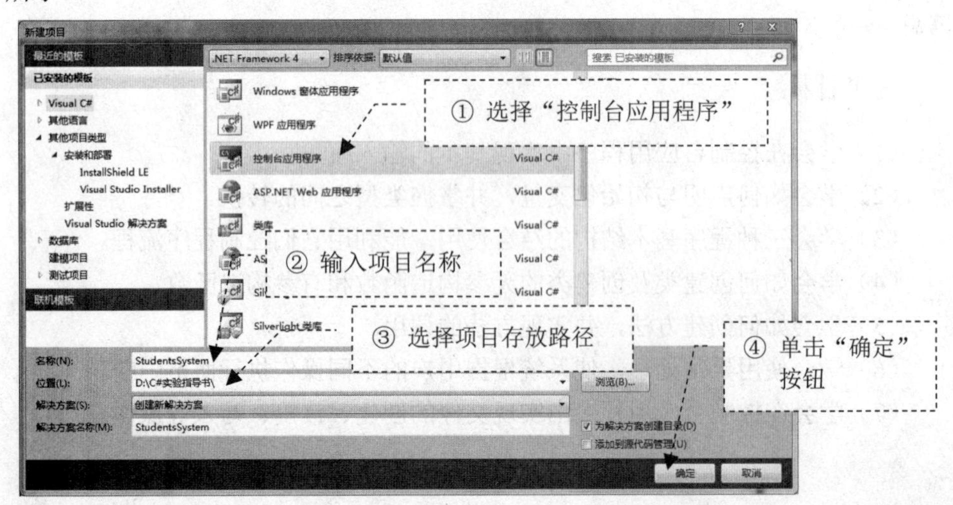

图 10.2

步骤 3：在解决方案资源管理器中用鼠标右键单击“Program.cs”文件，将其重命名为“FrmWelcome.cs”，在 Main 函数中编写相应代码，“FrmWelcome.cs”文件的参考代码如下：

```
using System;
using System.Collections.Generic;
using System.Linq;
using System.Text;
namespace StudentsSystem
{
    class FrmWelcome
    {
        static void Main(string[] args)
        {
            Console.Clear();//清屏
            Console.SetCursorPosition(20, 5);//设置光标的起始位置
            Console.Write("欢迎使用学生信息管理系统，正在加载中");
            for (int i = 0; i < 6; i++)
            {
                Console.Write('。');
                System.Threading.Thread.Sleep(1000);//屏幕暂停 1 秒钟
            }
            FrmMain frm = new FrmMain();//创建程序主界面类的对象 frm
            frm.Show();
        }
    }
}
```

步骤 4：绘制程序主界面，在解决方案资源管理器中用鼠标右键单击项目名称“Students System”，选择“添加”→“类”选项，将该类重命名为“FrmMain.cs”，在该类中创建一个 DrawHead 方法来绘制界面的头部内容，DrawHead 的参考代码如下：

```
private int left = 0;
private int top = 0;
//画页面头部
private void DrawHead()
  {
    left = Console.WindowWidth / 2 - 9;
    top = 1;
    Console.WriteLine("-".PadLeft(80, '-')); //重复绘制'-'
    Console.SetCursorPosition(left, top);
    Console.WriteLine("学生信息管理系统");
    Console.SetCursorPosition(28, ++top);
```

```
    Console.WriteLine("江苏联合职业技术学院");
    Console.WriteLine("-".PadLeft(80, '-'));
    Console.WriteLine("欢迎您！ 今天是{0:yyyy-MM-dd}", DateTime.Now);
}
```

步骤 5: 在“FrmMain.cs”类中创建一个 DrawItem 方法来绘制界面的选择条目，DrawItem 的参考代码如下：

```
//画界面条目
private void DrawItem()
  {
    top = 7;
    Console.SetCursorPosition(left - 2, top);
    Console.WriteLine("主界面".PadLeft(15, '-').PadRight(26, '-'));
    Console.SetCursorPosition(left, top += 2);
    Console.WriteLine("1、学生信息");
    Console.SetCursorPosition(left, ++top);
    Console.WriteLine("2、课程信息");
    Console.SetCursorPosition(left, ++top);
    Console.WriteLine("3、成绩信息");
    Console.SetCursorPosition(left, ++top);
    Console.WriteLine("4、退出");
  }
```

步骤 6: 在“FrmMain.cs”类中创建一个 HandleOptions 方法来处理用户选项，HandleOptions 的参考代码如下：

```
//处理用户选项，返回值代表是否继续执行
private bool HandleOptions()
  {
    bool isLoop = true;
    Console.SetCursorPosition(0, top += 3);
    Console.Write("请选择：（只能输入：1-4）");
    Console.SetCursorPosition(25, top);
    string option = Console.ReadLine();
    switch (option)
      {
        case "1":                                        ①
            FrmStudentInfo frmStudent = new FrmStudentInfo();
            frmStudent.Show();   //显示学生信息主界面
            break;
        case "2":                                        ②
            FrmCourseInfo frmCourse = new FrmCourseInfo();
```

```
            frmCourse.Show();  //显示课程信息主界面
            break;                        ③
        case "3":
            FrmScoreInfo frmScore = new FrmScoreInfo();
            frmScore.Show();  //显示成绩信息主界面
            break;                        ④
        case "4":
            if (Common.ExitSystem())  //调用公共类中的方法
             isLoop = false;
             break;
         default:
             Console.Write("对不起，只能输入 1-4！按任意键继续......");
             Console.ReadKey(true);
             break;
    }
    return isLoop;
}
```

代码解释：

①、②、③ 中用到了系统中的另外 3 个类，分别是显示学生信息的 FrmStudentInfo、显示课程信息的 FrmCourseInfo 和显示成绩信息的 FrmCourseInfo，为了确保程序正常调试，建议可以先在系统中增加这几个类，再在每个类中添加一个空方法 Show。

④ 中用到了系统公共类 Common 中的一个方法 ExitSystem，因为还没有涉及公共类，在本任务中可以先把整个“case "4"”部分注释掉，后面写完这个方法后再回来取消注释。

步骤 7：最后在“FrmMain.cs”类中创建一个 Show 方法来调用前面的三个方法，以便最后显示系统的主界面，Show 的参考代码如下：

```
// 显示主界面，直到用户选择退出
public void Show()
  {
    while (true)
        {
          Console.Clear();
          DrawHead();  //调用画页面头部方法
          DrawItem();  //调用画界面条目方法
          if (!HandleOptions())  //调用处理用户选项方法
             return;
        }
  }
```

步骤 8：单击标准工具栏中的按钮，或者按组合键“Ctrl+Shift+S”，或者单击“文件”菜单中的“全部保存”命令，对项目进行保存。

步骤 9：单击标准工具栏中的 ▶ 按钮，或者按“F5”键，或者单击“调试”菜单中的“启动调试”命令即可运行程序。运行的结果如图 10.3 所示。

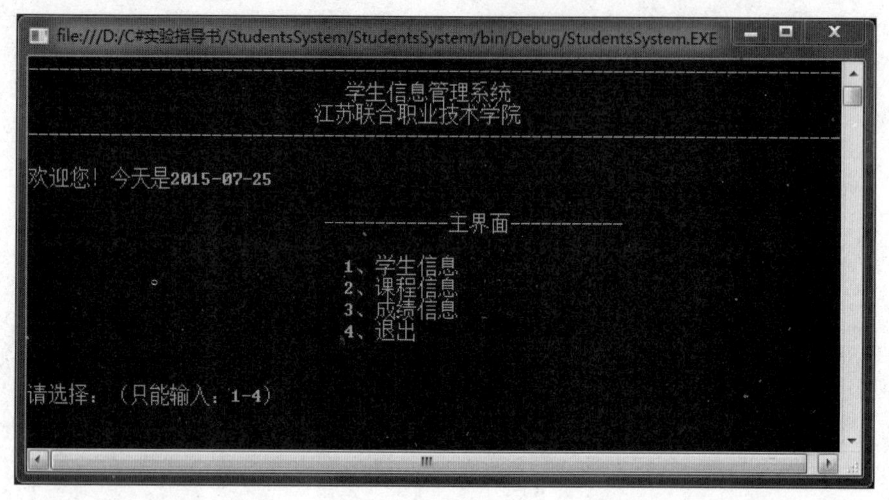

图 10.3

任务 2　编写学生类

任务目标

本任务完成学生类的编写，包括确定学生的常用属性、创建学生类的无参和有参构造函数。

通过完成本任务，读者将学会如何创建类及类的无参构造函数和有参构造函数，同时在类中通过 get()、set()的形式来获取或设置私有字段的值，实现类的封装。

任务分析

按照项目功能设计，接下来进入学生信息的具体操作阶段，为了后续更好地实现对学生信息的增、删、改、查功能，可以设计一个学生类，后续所有的操作都是对某一个学生对象进行，操作起来简单明了。

实施步骤

步骤 1：在解决方案资源管理器中用鼠标右键单击项目名称“StudentsSystem”，选择“添加”→“类”选项，将该类重命名为“Student.cs”，该类中存放学生类的相关属性及对应的构造函数，“Student.cs”的参考代码如下：

```
public class Student
   {
      private string stuNumber;
      private string stuName;
```

```
private int stuAge;
private string stuSex;
private string stuClass;

public string StuNumber   // 获取或设置学生学号
  {
    get
    {
      return stuNumber;
    }
    set
    {
      stuNumber = value;
    }
  }

public string StuName   // 获取或设置学生姓名。
  {
    get
    {
      return stuName;
    }
     set
     {
       stuName = value;
     }
  }

  public int StuAge   // 获取或设置学生年龄。
  {
      get
      {
          return stuAge;
      }
      set
      {
          stuAge = value;
      }
  }
```

```
        public string StuSex   // 获取或设置学生性别。
        {
            get
            {
                return stuSex;
            }
            set
            {
                stuSex = value;
            }
        }

        public string StuClass   // 获取或设置学生班级。
        {
            get
            {
                return stuClass;
            }
            set
            {
                stuClass = value;
            }
        }

    public Student()   // 无参构造函数
    {

    }

  // 重载构造函数，初始化各个字段
public Student(string num, string name, int age, string sex, string className)
    {
      stuNumber = num;
      stuName = name;
      stuAge = age;
      stuSex = sex;
```

```
        stuClass = className;
    }
}
```

小贴士：Student 类中的每个私有属性的封装，可以通过双击属性名后，在鼠标右键的快捷菜单中选择“重构”→“封装字段”选项实现。

步骤 2：由于本控制台应用程序操作的数据都是在文本文件中，为了更好地对文本文件中的数据进行读出和写入，可以对学生类的具体学生对象的数据进行格式转化，通过 override 重新定义 string 类型的 ToString 方法，在步骤 1 的代码中加入以下代码：

```
public override string ToString()    // 学生自己显示自己的基本信息
    {
    string s=string.Format("{0, 11}\t{1, 3}\t{2, 3}\t{3, 2}\t{4,5}", stuNumber, stuName, stuAge,
stuSex, stuClass);
    return s;
    }
```

任务 3　编写公共类

任务目标

本任务完成项目中一些公共方法的设计和创建，比如提示用户是否进行某操作、是否确认某操作等。

通过完成本任务，读者将掌握 C#语言中方法的创建及使用。

任务分析

在本项目中，为了在一定程度上实现数据的安全性和可靠性，对后续的各种操作都希望能给出提示信息，让用户来确认操作，这是本任务的目的。总体思路是：当用户输入操作后，提示用户是否确认该操作，如果是，执行相关程序语句，否则不执行。

实施步骤

步骤 1：在解决方案资源管理器中用鼠标右键单击项目名称“StudentsSystem”，选择“添加”→“类”选项，将该类重命名为“Common.cs”，该类中存放用户执行某个操作后的一些提示方法，“Common.cs”的参考代码如下：

```
public class Common
{
    public static bool IsSure(string option)    //确认是否执行操作
        {
            bool state = true;
            Console.WriteLine("是/否  {0}?是(y), 否(n)", option);
            string input = Console.ReadLine();
```

```
            if (!input.ToLower().Equals("y"))
             {
                 state = false;
             }
            return state;
        }

    public static bool IsContinue()    //确认是否继续操作
        {
            bool state = true;
            Console.WriteLine("继续操作?是(y), 否(n)");
            string input = Console.ReadLine();
            if (!input.ToLower().Equals("y"))
            {
                state = false;
            }
          return state;
        }

    public static bool ExitSystem()    //确认是否退出系统
        {
            bool state = true;
            Console.WriteLine("确认退出？ 是（Y）， 否（N）");
            string selection = Console.ReadLine();
            if (selection.ToUpper() != "Y")
                state = false;
            return state;
        }
}
```

步骤 2：此项目中很多操作都需要用户输入操作的选项来选择执行，为了确保用户不论从键盘上输入什么选项，程序都能继续执行下去，在“Common.cs”中添加了处理用户输入异常操作的方法，为了使用 ArrayList 集合类，需要添加引用名称空间 System.Collections，在步骤 1 的代码中加入以下代码：

```
public static void DispError()
  {
      DispError(string.Empty);
  }

public static void DispError(string error)
```

```
    {
        Console.WriteLine("{0}按任意键继续......", error);
        Console.ReadKey(true);
    }

public static void CheckPosition(int index, ArrayList list)
    {
        if (!(index > -1 && index < list.Count))
            throw new ArgumentOutOfRangeException("Index", "异常！ ");
    }
```

任务 4　编写文件读写类

任务目标

本任务完成项目中一些文本文件的读写操作，比如显示学生文件中的数据、写入数据到学生文件中等。

通过完成本任务，读者将掌握 C#语言中文件的基本操作。

任务分析

在本项目中，需要创建一个方法来从文本文件中读取所有的数据，为了配合任务 5 中学生对象的操作，读取出的数据将保存进 ArrayList 集合类。同时，再创建一个方法来实现新数据的写入。

实施步骤

步骤 1：在解决方案资源管理器中用鼠标右键单击项目名称“StudentsSystem”，选择“添加”→“类”选项，将该类重命名为“FileAccessIO.cs”，该类中存放用户对文本文件中的数据进行读写操作的方法，为了使用 C#语言中的文件操作的基本类，需要添加引用名称空间 System.IO，为了使用 C#语言中的 ArrayList 集合类，需要添加应用名称空间 System.Collections。FileAccessIO.cs 的参考代码如下：

```
public class FileAccessIO   // 文件读写类，封装文件读写操作
    {
        private static string fileName;
        public static string FileName      // 静态属性，获取或设置用于存储的文件名。
        {
            get
            {
                return fileName;
            }
```

```
                set
                {
                    fileName = value;
                }
            }

            private static bool CheckedFile()                //检查文件是否合法
            {
                bool isValid = true;
                if (fileName == null || fileName.Equals(string.Empty))
                {
                    isValid = false;
                    throw new ArgumentNullException("FileName", "不能为空！");
                }
                return isValid;
            }

// 读取数据，以行的方式存入 ArrayList 中，返回填充好的集合类
public static ArrayList RetrieveData()
    {
      ArrayList set = new ArrayList();
      if (File.Exists(fileName) && CheckedFile())
       {
          FileStream fs = new FileStream(fileName, FileMode.Open, FileAccess.Read);
          StreamReader sr = new StreamReader(fs, Encoding.Default);
          string temp = null;
          while ((temp = sr.ReadLine()) != null)
            {
                set.Add(temp);
            }
           sr.Close();
           fs.Close();
         }
       return set;
    }
```

步骤 2：为了回传更新的数据到指定的文件中，在步骤 1 的代码中加入以下代码：

```
// 用传入的集合更新数据，已经变化的集合
public static void UpdateData(ArrayList set)
   {
     if (CheckedFile())
```

```
    {
        FileStream fs = new FileStream(fileName, FileMode.Create, FileAccess.Write);
        StreamWriter sw = new StreamWriter(fs, Encoding.Default);
        foreach (string s in set)
         {
              sw.WriteLine(s);
           }
          sw.Close();
          fs.Close();
      }
  }
```

任务 5　编写学生集合类

任务目标

任务 2 已经创建了学生类，有了学生对象后，为了更简单地实现对学生对象的增、删、改、查等操作，本任务完成项目中具体的学生对象的浏览、删除等方法的设计和创建。

通过完成本任务，读者将掌握 C#语言中集合类的使用。

任务分析

本任务的目的是通过 ArrayList 集合类和 IEnumerable 公开枚举器，将文本文件中的学生对象看成数组的元素来操作。

实施步骤

步骤 1：在解决方案资源管理器中用鼠标右键单击项目名称“StudentsSystem”，选择“添加”→“类”选项，将该类重命名为“StudentCollection.cs”，为了使用 ArrayList 集合类和 IEnumerable 公开枚举器，需要添加引用名称空间 System.Collections，StudentCollection.cs 的参考代码如下：

```
using System.Collections;
namespace StudentsSystem
{
    public class StudentCollection:IEnumerable
      {
      }
}
```

步骤 2：为了将学生对象看成数组元素，需要创建一个 ArrayList 集合类保存学生集合的数据结构，同时创建 StudentCollection 类的无参和有参构造函数，在 StudentCollection 类中添加如下代码：

```
private ArrayList students = new ArrayList();        //保存学生集合的数据结构
public IEnumerator GetEnumerator()
    {
        return students.GetEnumerator();
    }
public int Count      // Count 属性，获取学生集合的人数
    {
        get
        {
            return students.Count;
        }
    }
public Student this[int index]   //以索引方式访问学生集合，返回对应的学生对象
    {
        get
        {
            Common.CheckPosition(index, students);
            return (Student)students[index];
        }
        set
        {
            Common.CheckPosition(index, students);
            students[index] = value;
        }
    }
public StudentCollection()    // 无参构造函数
    {
    }
public StudentCollection(string fileName)    // 有参构造函数
    {
        LoadStudents(fileName);   //加载对应学生文件中的数据
    }
```

步骤 3：为了加载学生文件中的数据，创建一个 LoadStudents 方法，在 StudentCollection 类中添加如下代码：

```
public void AddStudent(Student stu)
    {
        students.Add(stu);
    }
public void LoadStudents(string fileName)
```

```
{
    FileAccessIO.FileName = fileName;
    //调用文件读写类中的方法，初始化集合类 set
    ArrayList set = FileAccessIO.RetrieveData();
    foreach (string s in set)
    {
      Student stu = new Student();   //创建学生类的对象
      int i = 0;
      string[] tem = s.Split('\t');   //对应 Student 类中的 ToString()方法，以\t 分隔数据
      stu.StuNumber = tem[i++];
      stu.StuName = tem[i++];
      stu.StuAge = int.Parse(tem[i++]);
      stu.StuSex = tem[i++];
      stu.StuClass = tem[i];
      students.Add(stu);
    }
}
```

步骤 4：为了按照指定的排序方式来浏览学生文件中的数据，创建一个 Sort 方法，在 StudentCollection 类中添加如下代码：

```
public void Sort(string propertyName, SortModule module)      ①
    {
     string[] sortItems = new string[students.Count];
     switch (propertyName)
     {
      case "学号":
        for (int i = 0; i < students.Count; i++)
        {
         sortItems[i] = ((Student)students[i]).StuNumber;
        }
        break;
      case "姓名":
         for (int i = 0; i < students.Count; i++)
         {
          sortItems[i] = ((Student)students[i]).StuName;
         }
         break;
       case "年龄":
          for (int i = 0; i < students.Count; i++)
          {
```

```
                sortItems[i] = ((Student)students[i]).StuAge.ToString();
              }
               break;
          case "性别":
               for (int i = 0; i < students.Count; i++)
               {
                sortItems[i] = ((Student)students[i]).StuSex;
               }
               break;
           case "班级名":
                for (int i = 0; i < students.Count; i++)
                {
                 sortItems[i] = ((Student)students[i]).StuClass;
                }
                break;
            default:
                throw new ArgumentException("对不起，没有该选项,请输入正确的项目！");
           }
           SortByField(sortItems, module);
          }
//以学生的属性值进行排序，采用快速选择法.
private void SortByField(string[] items, SortModule module)   ②
  {
     for (int i = 0; i < students.Count - 1; i++)
       {
          for (int j = i + 1; j < students.Count; j++)
           {
               if ((items[i].CompareTo(items[j])) > 0)
               {
                    Student tem = (Student)students[i];
                    students[i] = students[j];
                    students[j] = tem;
                    string temp = items[i];
                    items[i] = items[j];
                    items[j] = temp;
                   }
                  }
           }
          if (module == SortModule.Descendent)
```

```
        {
          students.Reverse();                    ③
        }
    }
```

代码解释：

①、②、③ 中用到了枚举器 SortModule，为了便于后续扩展的课程类、成绩类都能使用它，需要先在 Common 类中添加以下代码：

```
public enum SortModule
    {
      None,
      Ascendent,
      Descendent
    }
```

小贴士：枚举器需要写在 Common 类外、名称空间 StudentsSystem 内。

步骤 5：为了按照指定的属性来查找学生文件中的数据，创建对应的查询方法，如果用户输入学号，学号是个唯一值，返回的是一个学生对象，在 StudentCollection 类中添加如下代码：

```
//根据学号进行查询，若找到，返回对应的学生对象，否则返回 null
public Student QueryByNumber(string num)
   {
        Student retStu = null;      //创建学生类对象
        foreach (Student stu in students)
        {
         //比较用户输入的传递过来的学号和当前学生对象的学号值是否相等
         if (stu.StuNumber.ToString().Trim() == num.Trim())
            {
             retStu = stu;
             break;
            }
        }
         return retStu;
    }
```

步骤 6：如果用户输入姓名或班级这些属性值，它们都可能有重复值，所以这些查询返回的是一个学生集合类对象，在 StudentCollection 类中添加如下代码：

```
//根据姓名进行查询，若找到，返回对应的学生集合对象，否则返回 null
public StudentCollection QueryByName(string Name)
   {
      StudentCollection ret = new StudentCollection();   //创建学生集合类对象
      foreach (Student s in students)
```

```
        {
        //比较用户输入的传递过来的姓名和当前学生对象的姓名值是否相等
            if (s.StuName .Trim() == Name.Trim())
            ret.AddStudent(s);      //匹配相等后，将当前对象加入到返回的集合类 ret 对象中
        }
        return ret;
    }

//根据班级进行查询，若找到，返回对应的学生集合对象，否则返回 null
public StudentCollection QueryByClass(string className)
    {
        StudentCollection ret = new StudentCollection();
        foreach (Student s in students)
        {
        //比较用户输入的传递过来的班级号和当前学生对象的班级号值是否相等
            if (s.StuClass.ToString().Trim() == className.Trim())
            ret.AddStudent(s);      //匹配相等后，将当前对象加入到返回的集合类 ret 对象中
        }
        return ret;
    }
```

步骤 7：为了实现学生信息的删除和更新等操作，需要创建对应的方法，在 StudentCollection 类中添加如下代码：

```
public void RemoveStudent(Student stu)//删除一个学生对象
  {
      students.Remove(stu);   //调用集合类的 Remove 方法
  }

public void UpdateStudent(Student oldStu, Student newStu)   //更新一个学生对象
  {
      RemoveStudent(oldStu);   //删除原来的学生对象信息
      AddStudent(newStu);      //添加一个新的学生对象信息
  }
```

步骤 8：所有的操作执行完后，都需要把对应的操作信息反映到文本文件中，需要创建对应的方法，在 StudentCollection 类中添加如下代码：

```
public void SaveStudents(string fileName)
    {
      ArrayList set = new ArrayList();
      foreach (Student s in students)
      {
```

```
        set.Add(s.ToString());
    }
        FileAccessIO.FileName = fileName;
        FileAccessIO.UpdateData(set);
    }
```

任务 6 设计学生信息主界面

任务目标

完成前面的 5 个任务后，任务 6 完成学生信息主界面的设计，以及具体的文本文件中学生对象的浏览、添加、更新、删除等操作。

通过完成本任务，读者将掌握 C#语言集合类的使用以及方法的调用。

任务分析

本任务的目的是通过前期创建的学生类、学生集合类、文件读写类等，将文本文件中的学生对象看成数组的元素来真实地完成浏览、添加、更新、删除操作。

实施步骤

步骤 1：打开已经创建的“FrmStudentInfo.cs”，在该类中创建和主界面类似的方法，实现学生信息主界面的设置，“FrmStudentInfo.cs”的参考代码如下：

```
using System;
using System.Collections.Generic;
using System.Linq;
using System.Text;
namespace StudentsSystem
{
    class FrmStudentInfo
    {                                                          ①
        private StudentCollection students = Common.Students;
        private int left = Console.WindowWidth / 2;
        private int top = 0;
        public void Show()   // 显示界面，并完成对学生的各类操作。
        {
            while (true)
            {
                Console.Clear();
                DrawHead();
                DrawItem();
```

```
                if (HandleOptions())
                    return;
            }
        }
    //画页面头部
        private void DrawHead()
        {
            left = Console.WindowWidth / 2 - 9;
            top = 1;
            Console.WriteLine("-".PadLeft(80, '-'));
            Console.SetCursorPosition(left, top);
            Console.WriteLine("学生信息管理系统");
            Console.SetCursorPosition(28, ++top);
            Console.WriteLine("江苏联合职业技术学院");
            Console.WriteLine("-".PadLeft(80, '-'));
            Console.WriteLine("欢迎您！ 今天是{0:yyyy-MM-dd}", DateTime.Now);
        }
    //画出选项
        private void DrawItem()
        {
            top = 7;
            Console.SetCursorPosition(left, top);
            Console.WriteLine("-----学生信息主界面-----");
            Console.SetCursorPosition(left + 4, top += 3);
            Console.WriteLine("1-显示学生信息");
            Console.SetCursorPosition(left + 4, ++top);
            Console.WriteLine("2-添加新学生信息");
            Console.SetCursorPosition(left + 4, ++top);
            Console.WriteLine("3-删除学生信息");
            Console.SetCursorPosition(left + 4, ++top);
            Console.WriteLine("4-更新学生信息");
            Console.SetCursorPosition(left + 4, ++top);
            Console.WriteLine("5-返回系统主界面");
        }
    //处理屏幕选项
        private bool HandleOptions()
        {
            bool isReturn = false;
            top += 3;
```

```
            Console.SetCursorPosition(0, top);
            Console.Write("请选择：（只能输入：1-5）");
            Console.SetCursorPosition(25, top);
            string option = Console.ReadLine();
            switch (option)
            {
                case "1":
                    ListStudentInfo();     //显示学生信息方法
                    break;
                case "2":
                    Add();       //添加学生信息方法
                    break;
                case "3":
                    Delete();   //删除学生信息方法
                    break;
                case "4":
                    Update();   //更新学生信息方法
                    break;
                case "5":
                    isReturn = true;
                    break;
                default:
                    Common.DispError("请输入正确的选项(1-5)！");
                    break;
            }
            return isReturn;
        }
    }
}
```

代码解释：

① 中用到了 Common 类中的静态集合类对象 Students，需要先在 Common 类中添加以下代码：

```
public static StudentCollection Students
    {
      get
       {
         return new StudentCollection("students.txt"); // students 文件位于本项目中
        }
    }
```

步骤 2：该类中创建显示学生信息的方法 ListStudentInfo，创建学生信息时还可以按照用户指定的属性值进行升序或降序显示，创建对应的 Sort 方法。在“FrmStudentInfo.cs”中添加如下代码：

```
//显示学生信息，并支持排序和查询
private void ListStudentInfo()
  {
    if (students.Count != 0)
    {
      while (true)
      {
        Console.Clear();
        Console.WriteLine("序号\t        学号\t 姓名\t 年龄\t 性别\t 班级名");
        for (int i = 0; i < students.Count; i++)
            {
              Console.Write("{0,3}\t", i + 1);
              Console.WriteLine(students[i]);
            }
            Console.WriteLine("请输入要执行的操作：1、排序   2、查询   3、返回 （只
能输入 1-3）");
            switch (Console.ReadLine())
            {
              case "1":
                  Sort();    //排序方法
                  break;
              case "2":
                  Query();  //查询方法
                   break;
              case "3":
                  return;    //返回
              default:
                  Common.DispError("请输入正确的选项(1-3)！ ");
                  break;
              }
            }
       }
      else
      {
        Console.Clear();
        Common.DispError("对不起，没有找到相关学生信息");
```

```
            }
        }
//按选定的排序属性和方式进行排序
private void Sort()
    {
        string propertyName = SelectSortedField();   //获得排序的属性
        SortModule module = SelectSortedModule();   //获得排序的方式
        students.Sort(propertyName, module);
    }
//选择排序属性
private string SelectSortedField()
    {
      Console.WriteLine("请选择排序选项：1、学号 2、姓名 3、年龄  4、性别 5、班级名
");
      string fieldName = string.Empty;
      while (true)
        {
            switch (Console.ReadLine())
              {
                  case "1":
                        fieldName = "学号";
                        break;
                  case "2":
                        fieldName = "姓名";
                        break;
                  case "3":
                         fieldName = "年龄";
                         break;
                  case "4":
                        fieldName = "性别";
                        break;
                  case "5":
                        fieldName = "班级名";
                        break;
                  default:
                        Common.DispError("请输入正确的选项（1-5）！");
                        break;
              }
          if (fieldName != string.Empty)
```

```
            break;
        }
      return fieldName;
  }
//选择排序方式
private SortModule SelectSortedModule()
  {
     Console.WriteLine("请选择排序方式: 1、升序      2、降序");
     SortModule module = SortModule.None;
     while (true)
     {
           switch (Console.ReadLine())
           {
                case "1":
                        module = SortModule.Ascendent;
                        break;
                case "2":
                        module = SortModule.Descendent;
                        break;
                 default:
                        Common.DispError("请输入正确的选项（1-2）！");
                        break;
             }
          if (module != SortModule.None)
              break;
          }
        return module;
  }
```

步骤 3：在显示学生信息的方法 ListStudentInfo 中，调用了按照用户指定的属性值进行查询的方法，创建对应的 Query 方法。在“FrmStudentInfo.cs”中添加如下代码：

```
//查询操作，支持按学号、姓名和班级进行查询
private void Query()
  {
     while (true)
     {
        Console.Clear();
        Console.WriteLine("请选择查询依据项：1、学号 2、班级名 3、姓名   4、返回");
        switch (Console.ReadLine())
          {
```

```
            case "1":
                QueryByNumber();   //按照学号查询信息
                break;
            case "2":
                QueryByClass();   //按照班级查询信息
                break;
            case "3":
                QueryByName();   //按照姓名查询信息
                break;
            case "4":
                return;
            default:
                Common.DispError("请输入正确的选项（1-4）！");
                break;
        }
    }
}
//按学号进行查询并显示查询结果
private void QueryByNumber()
{
    while (true)
    {
        Console.Clear();
        Console.WriteLine("请输入学生学号：");
        string num = Console.ReadLine();
        //调用学生集合类中的 QueryByNumber 方法
        Student stu = students.QueryByNumber(num);
        if (stu != null)
        {
            Console.WriteLine("查找的学生详细信息如下：");
            Console.WriteLine("        学号\t 姓名\t 年龄\t 性别\t 班级名");
            Console.WriteLine(stu);
            if (!Common.IsContinue())
                return;
        }
        else
        {
        Common.DispError("对不起，没有找到输入的学号的学生信息！请重新输入！");
        return;
```

```
            }
        }
    }
//按班级查询并显示结果
private void QueryByClass()
    {
        while (true)
        {
            Console.Clear();
            Console.WriteLine("请输入班级名：");
            string className = Console.ReadLine();
            //调用学生集合类中的 QueryByClass 方法
            StudentCollection result = students.QueryByClass(className);
            if (result.Count != 0)
              {
                result.Sort("学号", SortModule.Ascendent);
                Console.WriteLine("班级学生信息如下：");
                Console.WriteLine("        学号\t  姓名\t 年龄\t 性别\t 班级名");
                for (int i = 0; i < result.Count; i++)
                  {
                    Console.WriteLine(result[i]);
                  }
                 if (!Common.IsContinue())
                    return;
              }
            else
            {
                Common.DispError("对不起，您输入的班级名不存在，请重新输入！");
                 return;
               }
        }
    }
//按姓名查询并显示结果
private void QueryByName()
    {
        while (true)
        {
            Console.Clear();
            Console.WriteLine("请输入姓名：");
```

```
        string Name = Console.ReadLine();
        //调用学生集合类中的 QueryByName 方法
        StudentCollection result = students.QueryByName(Name);
        if (result.Count != 0)
          {
            result.Sort("学号", SortModule.Ascendent);
            Console.WriteLine("班级学生信息如下：");
            Console.WriteLine("        学号\t  姓名\t 年龄\t 性别\t 班级名");
            for (int i = 0; i < result.Count; i++)
            {
              Console.WriteLine(result[i]);
            }
            if (!Common.IsContinue())
              return;
          }
          else
          {
            Common.DispError("对不起，您输入的姓名不存在，请重新输入！");
            return;
          }
      }
  }
```

步骤 4：该类中创建添加学生信息的方法 Add，添加学生信息时加入对学号的判定操作，如文件中已经存在的学号再次被添加，能够给出提示信息，否则将用户的信息写入对应的文件中。在“FrmStudentInfo.cs”中添加如下代码：

```
//添加操作
private void Add()
  {
      while (true)
      {
        Console.Clear();
        Console.WriteLine("-".PadLeft(80, '-'));
        Console.WriteLine(@"请按照以下格式进行输入:  学号     姓名     年龄    性别    班
级名\n 请按回车键结束输入！");
        Console.WriteLine("-".PadLeft(80, '-'));
        Console.WriteLine("请输入要添加的学生的详细信息：");
        string line = Console.ReadLine();
        string[] infos = line.Split(' ');
        Student stu = new Student();
```

```
        int i = 0;
        stu.StuNumber = infos[i++];
        stu.StuName = infos[i++];
        stu.StuAge = int.Parse(infos[i++]);
        stu.StuSex = infos[i++];
        stu.StuClass = infos[i];
        int f=1;
        //判断学号是否已经存在
        foreach (Student s in students )
        {
            if (s == students.QueryByNumber(stu.StuNumber))
            {
              f = 0;
              break;
            }
        }
        if (f == 1)
         {
                if (Common.IsSure("保存"))
                {
                  students.AddStudent(stu);
                }
                if (!Common.IsContinue())
                {
                  students.SaveStudents("students.txt");
                  return;
                }
          }
            else
            {
                Common.DispError("该学号已经存在！！ ");
            }
        }
}
```

步骤 5：该类中创建删除学生信息的方法 Delete，根据学号删除学生信息时，如存在用户将进行删除的学号，先列出该学号对应的学生的完整信息，然后提示用户是否进行相关操作，如不存在用户将进行删除的学号，能够给出提示信息。在“FrmStudentInfo.cs”中添加如下代码：

```
//删除操作
```

```
private void Delete()
{
  while (true)
  {
      Console.Clear();
      int flag = 0;//要删除的学号不存在；
      Console.WriteLine("请输入要删除信息的学生的学号：");//按学生学号来删除学生对象
      string number = Console.ReadLine();
      Student stu = students.QueryByNumber(number);
      if (stu != null)
        {
          flag = 1;
          Console.WriteLine("您要删除的学生信息如下：");
           Console.WriteLine(stu);
          }
        else
         {
           flag = 0;
           Common.DispError("对不起，您输入的学号不存在，请重新输入！");
           return;
          }
          if (flag == 1)
           {
              if (Common.IsSure("删除"))
               {
                 students.RemoveStudent(stu);
               }
               if (!Common.IsContinue())
                {
                  students.SaveStudents("students.txt");
                  return;
                }
              }
          }
      }
```

步骤 6：该类中创建更新学生信息的方法 Update，根据学号删除学生信息时，如存在用户将进行删除的学号，先列出该学号对应的学生的完整信息，然后提示用户是否进行相关操作，如不存在用户将进行删除的学号，能够给出提示信息。在“FrmStudentInfo.cs”中添加如下代码：

```
//更新操作
 private void Update()
  {
    while (true)
    {
        Console.Clear();
        Console.WriteLine("请输入需要更新信息的学生学号");
        string number = Console.ReadLine();
        Student oldStu = students.QueryByNumber(number);
        if (oldStu != null)
        {
          Console.WriteLine(oldStu);
          Console.WriteLine("请输入新的信息：");
          string line = Console.ReadLine();
          string[] infos = line.Split(' ');
          Student stu = new Student();
          int i = 0;
          stu.StuNumber = infos[i++];
          stu.StuName = infos[i++];
          stu.StuAge = int.Parse(infos[i++]);
          stu.StuSex = infos[i++];
          stu.StuClass = infos[i];
          if (Common.IsSure("更新"))
            {
              students.UpdateStudent(oldStu, stu);
            }
          if (!Common.IsContinue())
            {
                students.SaveStudents("students.txt");
                return;
            }
        }
    }
}
```

步骤 7：单击标准工具栏中的按钮，或者按组合键“Ctrl+Shift+S”，或者单击“文件”菜单中的“全部保存”命令，对项目进行保存。

步骤 8：单击标准工具栏中的按钮，或者按“F5”键，或者单击“调试”菜单中的“启动调试”命令即可运行程序。

小贴士：在项目的目录文件中，已经存在了一个名称为“students”文本文件，具体路径

如图 10.4 所示。

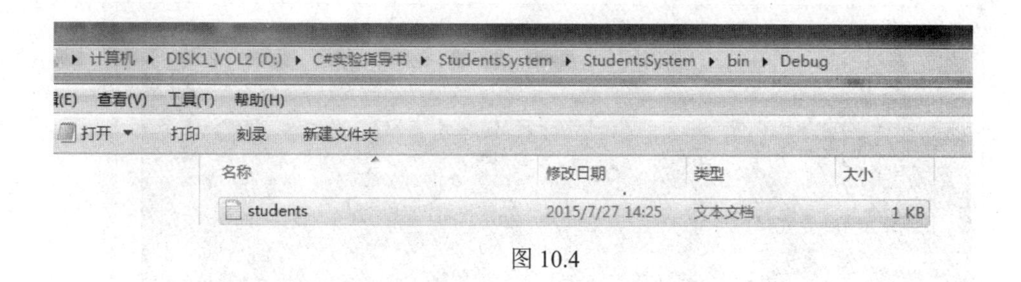

图 10.4

任务 7 测试项目

任务目标

完成学生信息管理系统的设计后，测试系统，检测能否实现对文本文件中学生对象的浏览、添加、更新、删除等操作。测试项目，运行结果如图 10.5～图 10.24[①]所示。

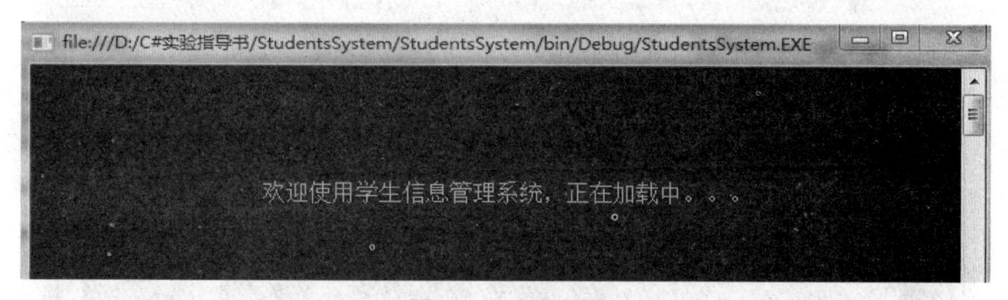

图 10.5 欢迎界面

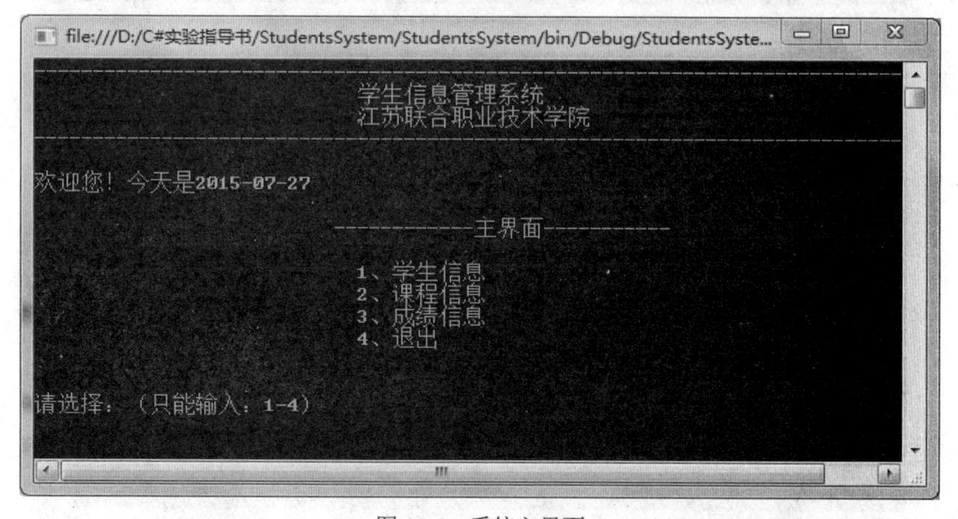

图 10.6 系统主界面

① 为便于说明，图 10.5～图 10.24 增加了图题。

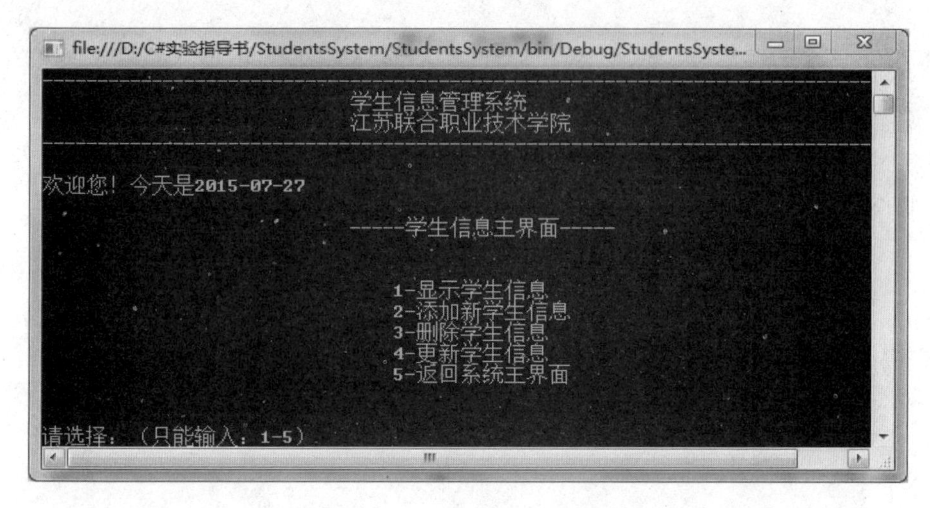

图 10.7　学生信息主界面

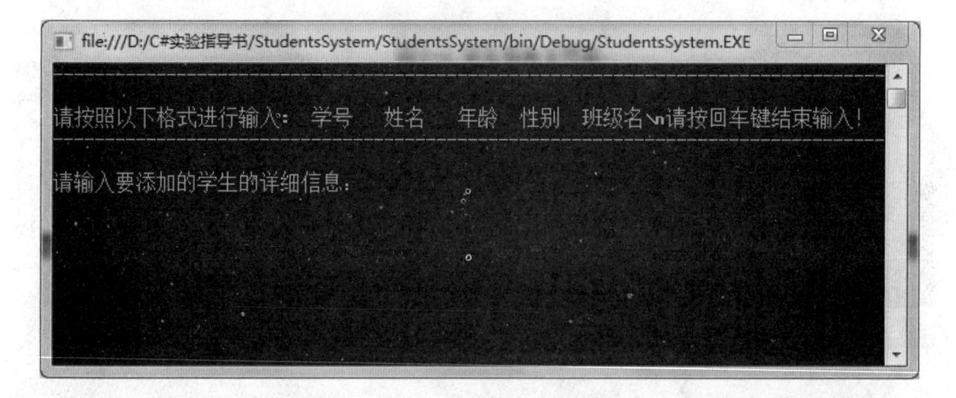

图 10.8　添加学生信息界面 1

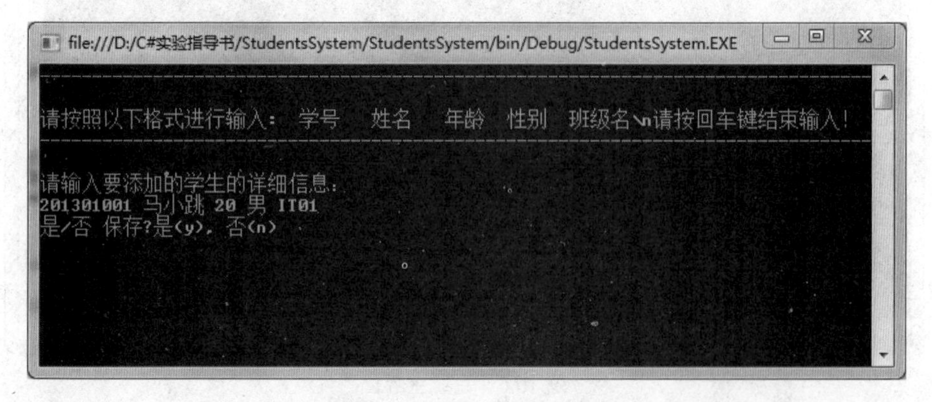

图 10.9　添加学生信息界面 2

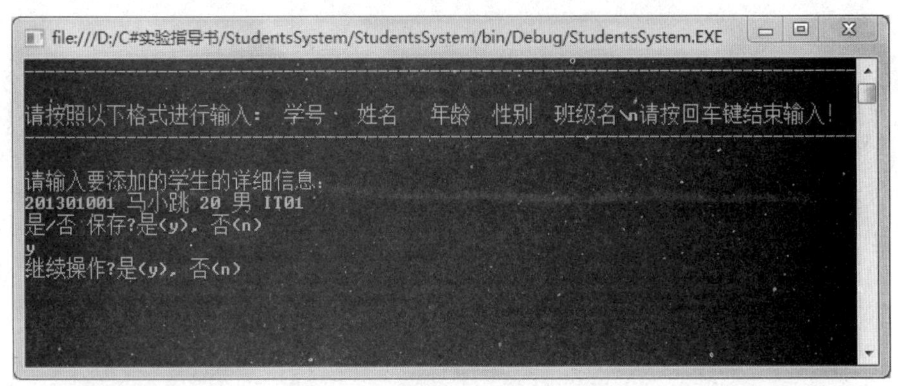

图 10.10 添加学生信息界面 3

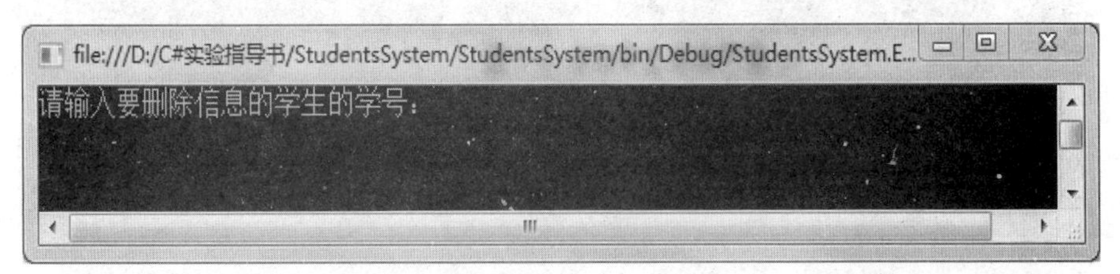

图 10.11 删除学生信息界面 1

图 10.12 删除学生信息界面 2

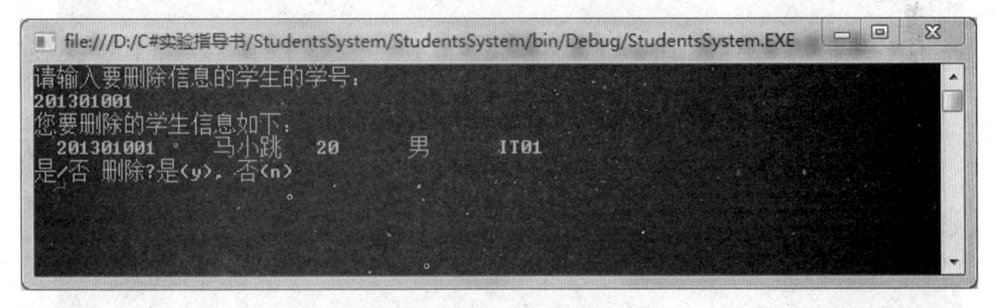

图 10.13 删除学生信息界面 3

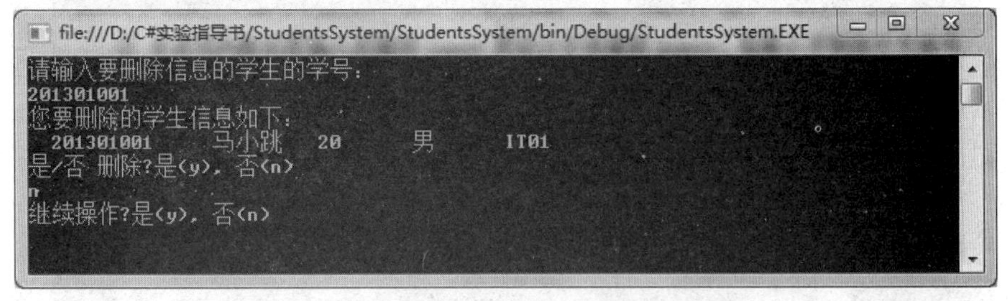

图 10.14 删除学生信息界面 4

```
file:///D:/C#实验指导书/StudentsSystem/StudentsSystem/bin/Debug/StudentsSystem.EXE
请输入需要更新信息的学生学号
```

图 10.15　更新学生信息界面 1

```
file:///D:/C#实验指导书/StudentsSystem/StudentsSystem/bin/Debug/StudentsSystem...
请输入需要更新信息的学生学号
201301001
  201301001      马小跳   20       男       IT01
请输入新的信息:
201301001 马跳跳 21 男 IT01
是/否 更新?是(y), 否(n)
```

图 10.16　更新学生信息界面 2

```
file:///D:/C#实验指导书/StudentsSystem/StudentsSystem/bin/Debug/StudentsSystem...
请输入需要更新信息的学生学号
201301001
  201301001      马小跳   20       男       IT01
请输入新的信息:
201301001 马跳跳 21 男 IT01
是/否 更新?是(y), 否(n)
y
继续操作?是(y), 否(n)
```

图 10.17　更新学生信息界面 3

```
file:///D:/C#实验指导书/StudentsSystem/StudentsSystem/bin/Debug/StudentsSystem...
序号        学号        姓名     年龄     性别     班级名
  1       201302002     单某某    20       女       IT02
  2       201301003     李某某    19       女       IT01
  3       201301005     路某某    21       男       IT01
  4       201302001     王某某    22       男       IT02
  5       201303001     王某某    19       男       IT03
  6       201303002     张某某    19       女       IT03
  7       201304002     张某某    21       女       IT04
  8       201301002     钱某某    21       女       IT01
  9       201301001     马跳跳    21       男       IT01
请输入要执行的操作: 1、排序  2、查询  3、返回 (只能输入1-3)
```

图 10.18　显示学生信息界面 1

```
file:///D:/C#实验指导书/StudentsSystem/StudentsSystem/bin/Debug/StudentsSystem...
序号      学号        姓名   年龄   性别   班级名
 1     201302002    单某某   20     女     IT02
 2     201301003    李某某   19     女     IT01
 3     201301005    路某某   21     男     IT01
 4     201302001    王某某   22     男     IT02
 5     201303001    王某某   19     男     IT03
 6     201303002    张某某   19     女     IT03
 7     201304002    张某某   21     女     IT04
 8     201301002    钱某某   21     女     IT01
 9     201301001    马跳跳   21     男     IT01
请输入要执行的操作：1、排序  2、查询  3、返回  （只能输入1-3）
1
请选择排序选项：1、学号 2、姓名 3、年龄  4、性别 5、班级名
```

图 10.19 显示学生信息界面 2

```
file:///D:/C#实验指导书/StudentsSystem/StudentsSystem/bin/Debug/StudentsSystem...
序号      学号        姓名   年龄   性别   班级名
 1     201302002    单某某   20     女     IT02
 2     201301003    李某某   19     女     IT01
 3     201301005    路某某   21     男     IT01
 4     201302001    王某某   22     男     IT02
 5     201303001    王某某   19     男     IT03
 6     201303002    张某某   19     女     IT03
 7     201304002    张某某   21     女     IT04
 8     201301002    钱某某   21     女     IT01
 9     201301001    马跳跳   21     男     IT01
请输入要执行的操作：1、排序  2、查询  3、返回  （只能输入1-3）
1
请选择排序选项：1、学号 2、姓名 3、年龄  4、性别 5、班级名
1
请选择排序方式：1、升序   2、降序
```

图 10.20 显示学生信息界面 3

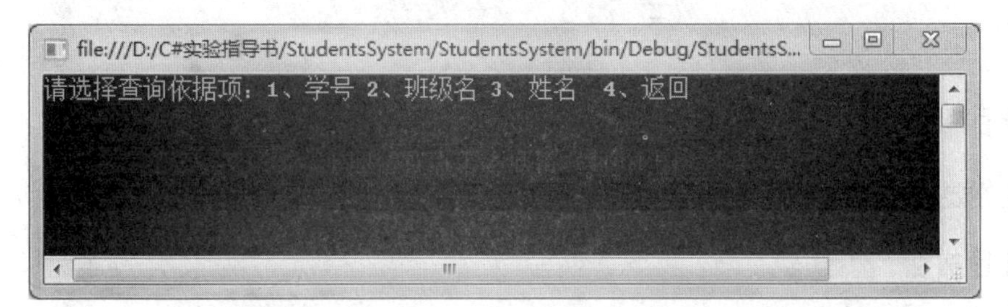

图 10.21 显示学生信息界面 4

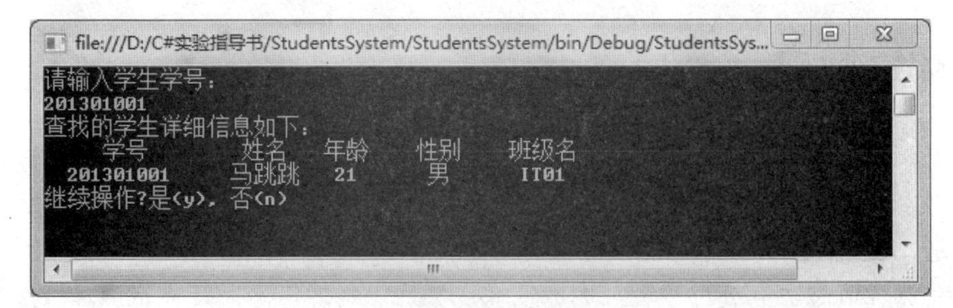

图 10.22 显示学生信息界面 5

```
file:///D:/C#实验指导书/StudentsSystem/StudentsSystem/bin/Debug/StudentsSystem.E...
请选择查询依据项：1、学号 2、班级名 3、姓名  4、返回
2
请输入班级名：
IT01
班级学生信息如下：
     学号         姓名    年龄     性别     班级名
  201301001     马跳跳    21       男       IT01
  201301002     钱某某    21       女       IT01
  201301003     李某某    19       女       IT01
  201301005     路某某    21       男       IT01
继续操作?是(y)，否(n)
```

图 10.23　显示学生信息界面 6

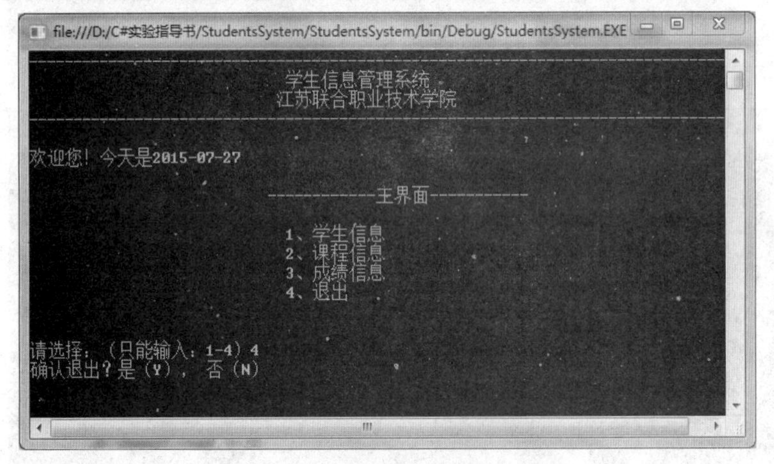

图 10.24　退出系统界面

任务 8　拓展练习

任务目标 1

本任务要求完善学生信息管理模块，即课程信息模块的增、删、改、查功能。

任务目标 2

本任务要求完善学生信息管理模块，即成绩信息模块的增、删、改、查功能。

提示：

（1）成绩信息和学生信息、课程信息都具有关联性，要求添加或修改某条成绩信息时，需先对学号、课程号进行检查，如果存在，则可以添加，否则给出提示信息。

（2）对学生信息功能进行完善，删除或修改某条学生信息时，先根据学号在学生文件中查找，如存在该学号的学生，还需要进一步到成绩文件中查找，如也存在该学号的某些课程的成绩信息，在删除或修改前给出提示信息，让用户来决定是否继续操作，如图 10.25 所示。

（3）对课程信息功能进行完善，删除或修改某门课程的信息时，先根据课程号在课程文

件中查找，如存在该课程号的课程，还需要进一步到成绩文件中查找，如也存在该课程号的某些学生的成绩信息，在删除或修改前给出提示信息，让用户来决定是否继续操作。

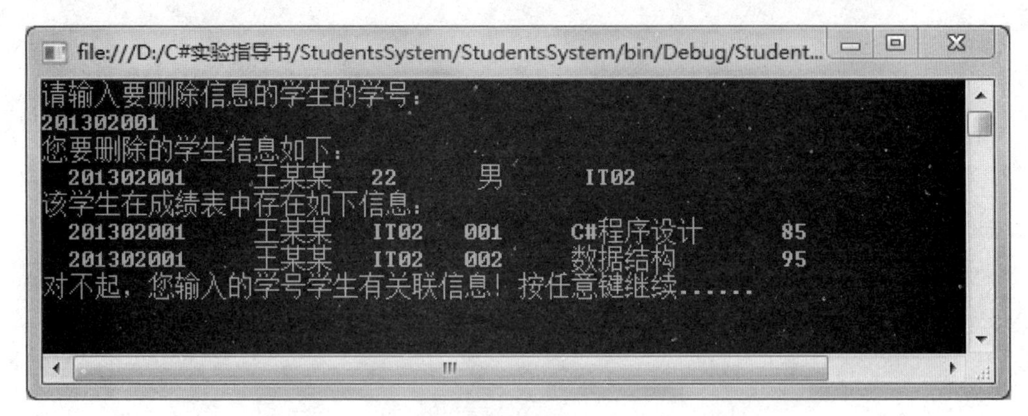

图 10.25